LOS ÚLTIMOS ARTESANOS

La edición de este libro ha sido subvencionada por el Departamento de Cultura y Política Lingüística del Gobierno Vasco.

1ª edición: Septiembre de 2025

Diseño de cubierta:
Imanol Rayo | Erein
Maquetación:
A. Beltza | Erein
Fotografías interior:
Imanol Rayo

ISBN: 978-84-1093-059-9
D.L.: D 707-2025
EREIN Argitaletxea. Tolosa Etorbidea 107
20018 Donostia
T 943 218 300
erein@erein.eus
www.erein.eus
Imprime: Gertu inprimategia
Zubillaga industrialdea, 9
20569 Oñati, Gipuzkoa
T 943 783 309
gertugrafika@gmail.com
www.gertu.net

PEFC FSC EMAS El papel utilizado para la impresión de este libro está calificado como papel ecológico y procede de bosques gestionados de manera sostenible.

Imanol Rayo

LOS ÚLTIMOS ARTESANOS

Conversaciones con:

Pedro OLEA
Imanol URIBE
Enrique URBIZU
Colectivo MORIARTI

Prólogo:

Miguel Zozaya Fernández

erein

Prólogo:

Miguel Zozaya Fernández

Han pasado muchas décadas desde que, en las páginas de los antiguos *Cahiers du Cinéma*, un joven François Truffaut utilizase la expresión «política de los autores» para formular una idea que otros compañeros de redacción, como Jacques Rivette, ya estaban defendiendo en aquella revista... la del director de cine como «autor artístico total», como se concebía al tratarse de escritores, músicos o pintores. Expresión que hizo fortuna y dio lugar a una forma de pensar el hecho cinematográfico que resultaba complicada de apuntalar. Mientras las recurrencias temáticas dentro de la filmografía de un director parecían relativamente fáciles de señalar, sus rasgos formales distintivos eran más difíciles de descifrar. De ahí que el otro concepto clave de su teoría, el de la «puesta en escena», acabase funcionando más bien por su imprecisión, como instrumento inefable que cada crítico utilizaba a su manera.

Mientras escribían largos textos glosando las bondades del cine de maestros –ahora nadie duda que lo son–, como Howard Hawks o Alfred Hitchcock, colocaban en peldaños inferiores a otros de sus contemporáneos, como Michael Curtiz o Raoul Walsh que, a su parecer, no lograban imponer una impronta personal que les hiciese destacar por encima del sistema de estudios hollywoodiense, para el que trabajaban. A estos se les comenzó a denominar *artesanos* (por utilizar la clásica traducción española, que realmente implica considerables diferencias con los conceptos de *metteurs-en-scène* o *craftsmen* utilizados por la crítica francesa y anglosajona respectivamente... lo que nos llevaría a disquisiciones semánticas que no pueden tener cabida en este breve y humilde prólogo). Comenzaba así una disyuntiva de largo alcance que, antes del cine, ya tenía lugar en el mundo de las artes... la que separa al artista –con su halo de genio romántico– del artesano, diestro en habilidades técnicas y capaz del trabajo colaborativo desde cierta modestia creativa.

Sin desdeñar el valor y utilidad que pudiera tener en su momento, la teoría del autor defendida por los jóvenes *cahieristas* pronto cayó tanto por su propio peso (su deriva dogmática, la inconsistencia de las justificaciones temáticas, la voluntaria ignorancia de la dimensión colectiva del cine de estudios) como por su inoperancia para abordar el surgimiento de los polimorfos «nuevos cines» de la modernidad, en los años sesenta. Sin embargo, el culto a la personalidad del director de cine llega hasta nuestros días y es frecuente encontrarnos con la manoseada y desvirtuada noción de *autor* para referirse a cineastas de todo pelaje y condición. En el contexto de la historia del cine español, generalmente, el concepto de *autor* nunca ha resultado especialmente productivo para tratar de comprender o explicar el trabajo de sus directores; sin embargo, no es complicado adaptar a nuestra realidad el prisma del *artesano* como realizador versátil capaz de asumir encargos alimenticios, proyectos alejados de su órbita estética y, en ocasiones, guiones de escaso provecho para poner a prueba su capacidad de adaptación, su ingenio para doblegar y dignificar materiales ajenos y su habilidad para la narración cinematográfica.

Imanol Rayo decide optar por este último acercamiento a la hora de rescatar los valiosos testimonios de una serie de cineastas vascos a propósito de su oficio (término que, no por casualidad, todos emplean en algún momento). A lo largo de las profusas conversaciones recogidas en el volumen que tienes entre manos, se nos muestran distintas formas de ver las cosas que, como es habitual, nos hacen ver que no todo es blanco o negro, sino que navegamos en un proceloso mar de grises. Este trabajo nos acerca a cuatro cineastas (uno de ellos tricéfalo), cuatro generaciones y sus distintas maneras de entender y practicar el oficio cinematográfico en el contexto vasco y español, y lo hace valiéndose del noble género de la entrevista en profundidad. Pedro Olea, Imanol Uribe, Enrique Urbizu y el colectivo Moriarti (integrado por Aitor Arregi, Jose Mari Goenaga y Jon Garaño) se enfrentan a esa dicotomía insalvable entre hacer cine (profesional) o ser un cineasta (artista), y sus vivencias y experiencias profesionales aquí vertidas arrojan luz sobre el difícil equilibrio entre cálculo e instinto, entre control y azar, entre posibilidad, necesidad y voluntad.

Resulta algo excepcional, en nuestro panorama, encontrar cineastas con la voluntad de salirse de su habitual feudo para sentarse a entrevistar a maestros y colegas; aventura que precisa de una inquietud, arrojo y humildad tan poco habituales como el bagaje cultural que demuestra Rayo en estas páginas. Esa particularidad de tratarse de «conversaciones entre iguales», de diálogos orquestados por un compañero de oficio (subgénero que tan buenos resultados ha dado en el campo de la literatura cinematográfica... Truffaut/Hitchcock, Bogdanovich/Ford o Drove/Sirk, por citar unos pocos ejemplos ilustres) es la que nos lleva a otro de los grandes valores del libro: junto a la usual e interesante recolección de recuerdos, opiniones y anécdotas sobre sus carreras, *Los últimos artesanos* centra su foco en un tema tan obvio como ausente en la gran mayoría de las entrevistas a cineastas: el trabajo del director de cine. Rayo interroga (en el mejor sentido de la palabra) con rigor y concreción acerca de métodos de trabajo, preferencias técnicas, cuestiones organizativas, resolución de problemas y todo tipo de aspectos relativos al complejo proceso de realización de una película. Y sus interlocutores entran al trapo, dando lugar a distendidos coloquios casi siempre desde una perspectiva reflexiva y crítica. El resultado, tanto en las coincidencias como en las divergencias, es revelador. Hay convicciones, hay dudas, hay una honestidad patente y un clima de entendimiento que, sin duda, debe tanto a la pericia del entrevistador como a esa compartida condición de creadores. Algo importante también: el tono es cercano y comprensible, incluso en los momentos en que se entra en cuestiones más técnicas. Asumiendo que el lector que se asome a este libro tendrá un interés previo por el cine, no es tan necesario tener conocimientos específicos como cierta inquietud y curiosidad por saber cómo trabajan quienes hacen las películas. En las siguientes páginas encontrarán algunas provechosas (y sorprendentes, y admirables) respuestas.

Introducción:

Imanol Rayo

Con la muerte de Mario Camus en 2021 quedaba definitivamente cerrado el siglo XX para cierto cine español. Aquel cuyo oficio contemplaba la práctica de la artesanía y que enraizaba con el sistema de los estudios de Hollywood, la escritura transparente de Ford, Hawks, Walsh, Curtiz, Fleming y un largo etc. Convencido de que la concepción cinéfila de alguien como Camus podía ser materia de gran valor para futuras generaciones, puse en marcha un proyecto que, en mayor o menor medida, fuera reflejo de esa idea y que sirviera de ajuste de cuentas con mi pasado estudiantil. El resultado no es otro que este libro, que recoge el pensamiento de los últimos artesanos vascos que representan esa forma de hacer cine, y que aspira modestamente a plasmar en forma de conversación distendida las cuestiones en torno al oficio que a este servidor siempre le han rondado en la cabeza, y que después le han perseguido en la práctica cinematográfica.

Pedro Olea, Imanol Uribe, Enrique Urbizu y el colectivo Moriarti, cineastas de distintas generaciones –llamativamente separados entre sí por doce años de diferencia (1938, 1950, 1962 y la década de los 70, respectivamente)–, que comparten, sin embargo, una misma praxis y, en cierta medida, también el ser un fin de raza. Pero ello no impide que cada uno contribuya con su punto de vista singular y complementario. Es más, las conversaciones aquí reunidas tienen un mismo punto de partida pero recorridos y resultados completamente diferentes.

En un tiempo en el que en la gran mayoría de las escuelas de cine el precepto de «forma y fondo» ha dejado de ser el eje central de la enseñanza, adquieren especial peso las palabras de Uribe rememorando a Pilar Miró en aquella última promoción de la EOC (Escuela Oficial de Cine): «Primero tenéis que aprender a contarlo, después ya haréis el cine que queráis». Esta frase en clave de anécdota deja entrever ya muchos de los aspectos que trata este libro y que definen la naturaleza del arte popular por excelencia del siglo XX.

A Yolanda Ruiz de Larramendi
y
a Michel Gaztambide

«Si algo puede afirmarse, sin lugar a duda,
del cine americano de la época dorada es su carácter de obra colectiva,
asentada sobre una sólida y bien engrasada división del trabajo.
Que esta división del trabajo no mermara sino que reforzase
la calidad artística de las películas es una de las cuestiones
más fascinantes suscitadas por ese arte,
el único que puede vanagloriarse, junto con cierta novela decimonónica,
de haber hecho caer la "muralla china" que suele separar habitualmente
la alta cultura de la cultura popular».

SANTOS ZUNZUNEGUI (*La mirada cercana*)

«(A Hawks) Se le puede tomar como un compendio de clasicismo (...),
que es tanto el clasicismo de Hollywood
(técnica invisible, simetría, narrativa ordenada y lineal, economía de medios,
modestia autoral) como una actitud ante la vida.
(...) En apariencia felizmente contenida dentro del clasicismo hollywoodiense
y el síndrome del "entretenimiento", las implicaciones de su obra
se abren a todas las posibilidades, lo cuestionan todo».

ROBIN WOOD (*Howard Hawks*)

«El cine clásico está regido por determinaciones de orden
sustancialmente dramático-psicológico y su sentido profundo no es otro
que el de ofrecer al espectador un sentido unívoco
acerca de los acontecimientos mostrados».

ANDRÉ BAZIN

«Pensándolo bien, toda mi ambición estriba
en convertirme en un buen artesano».

YASUJIRO OZU

LOS ÚLTIMOS ARTESANOS

Conversaciones con:

Pedro OLEA
Imanol URIBE
Enrique URBIZU
Colectivo MORIARTI

Pedro OLEA

(Bilbao, 1938)

Imanol Rayo: Pedro, supongo que cuando escuchas nombrar las siglas de la EOC (Escuela Oficial de Cine) tu mente empieza a evocar imágenes de forma automática. Realmente fue una época prolífica para toda una generación, la del llamado «Nuevo cine español». Tú, concretamente, tuviste a Carlos Saura y a Luis García Berlanga como profesores...

PEDRO OLEA: Y también a Miguel Picazo...

IR: Picazo estaba en su mejor momento con *La tía Tula*. Fue una época muy fecunda: Basilio Martín Patino, Mario Camus, Manuel Summers, Antonio Mercero, Antonio Drove, Cecilia Bartolomé y una infinidad de nombres más. Por esas fechas, (principios de los 60) Ana Mariscal, que fue actriz y había comenzado a dirigir durante la década anterior, hizo una película que creo que a ti te gusta mucho: *El camino*.

PO: Esa película es muy interesante. Orson Welles decía que el cine es el mejor tren eléctrico que existe, pero que es un juguete muy caro. Los pocos afortunados que entraban en la EOC tenían el privilegio de poder rodar, y, además, mucho. La escuela estaba ubicada en la madrileña calle Monte Esquinza. Saura había hecho *Los golfos,* pero ya era «Saura» y los estudiantes se dividían entre los partidarios del cine americano y los del europeo, sobre todo el italiano. En mi caso, tengo mucho que agradecer a mis padres. Yo provengo de una familia hostelera en Bilbao. Estaba cursando cuarto de económicas cuando decidí que no quería ser economista. Hasta llegué a soltar una frase muy cursi a mis padres, diciéndoles que prefería barrer el plató más cutre antes que ser el mejor economista del mundo (risas). Tal era mi pasión por el cine. Y ahí surgió la oportunidad de personarme en la EOC. Ten en cuenta que anualmente se presentaban ciento y pico personas y admitían, como mucho, a dos o tres. Las probabilidades de que me aceptaran eran casi nulas. Así que les pedí a mis padres que, por favor, me dejaran presentarme con la condición de que, en el caso de que se consumara el milagro y me admitieran, me comprometía a cumplir con las dos obligaciones. Aprobé. Y empecé a rodar, porque se filmaba mucho. Eran tres cursos. Mis mejores profesores fueron Saura y Berlanga. Un asunto interesante fue que rodáramos en 16mm, en blanco y negro, y mudo... lo que te obligaba a planificar todo visualmente. A mí se me ocurrió rodar la historia de una mujer que iba a suicidarse. Y lo hicimos en la finca donde vivió Ava Gardner, en La Moraleja. El corto se titulaba *Última página* y transcurría durante los últimos días de vida de la mujer. Aprobé y pasé a segundo curso, que también lo superé, esta vez con *Parque de juegos*, basado en un cuento de Ray Bradbury. Y entonces apareció un productor, Paco Molero, que me dijo... «Pedro, si apruebas la práctica de tercero y me gusta, firmas tu primer largometraje». Por supuesto, la aprobé con un corto de terror que se titulaba *Anabel*, y dejé de ir a la Facultad de Económicas. Mis prácticas, por otra parte, no gustaban mucho ni a profesores ni a alumnos. Yo iba totalmente a mi bola, porque mi propósito no era aprobar, solo quería seguir rodando sin ser artista de nada. Solamente aspiraba a trabajar en el cine, como el mejor oficio posible. Todo el mundo se quedaba sorprendido conmigo porque en ese tiempo, en la escuela, se hacían cosas muy sociales.

IR*:* Francisco Molero fue también quien produjo a Mario Camus en sus inicios, *Con el viento solano*, una excelente adaptación de la novela de Ignacio Aldecoa y más tarde *Los días del pasado*. Molero venía de producir *La tía Tula*, que hemos citado, y *El extraño viaje*, de Fernando Fernán Gómez, nada menos...

PO: Yo pienso que antes había mucho más arrojo a la hora de producir películas. Era una forma de apostar por un cine que estaba cambiando, más comprometido...

IR: Tanto los de tu generación como los que venían del IIEC (Instituto de Investigaciones y Experiencias Cinematográficas) en la década anterior, os introducís en el cine ya con una conciencia cinéfila, sobre todo con el antecedente del neorrealismo italiano, también de la *Nouvelle vague*, y un poco a la inversa del modelo tradicional americano que impera hasta los años 50, donde los directores trabajaban en serie, como en una fábrica, sin contemplar en exceso lo que ocurría en el exterior. De hecho por esas fechas también te dedicas a la crítica en la revista *Nuestro cine*. Dado que este libro gira en torno a directores vascos que, de alguna manera, habéis ejercido el estilo «artesano», extraído del cine americano –si es que eso es posible–, ¿qué opinas de todo ello?

PO: No me gustó mucho hacer crítica. Pero lo hice, porque me lo pedían en *Nuestro cine*, que era una revista estupenda. También hice entrevistas… ya ves, yo haciendo entrevistas… Pero siempre he sido muy cinéfilo. Y he tenido una influencia muy literaria, para qué negarlo. En aquella época me fascinaba *The innocents*, de Jack Clayton, que es un Henry James. Se daba la circunstancia de que yo escribía en *Nuestro cine* pero que me gustaban películas que no agradaban a la redacción. Yo era fanático de *El hombre que mató a Liberty Valance* (*The man who shot Liberty Valance*) de John Ford, figúrate. Lo único que compartía con mis compañeros eran mis tendencias políticas. Pero había gente que odiaba a Ford, léase Antxon Ezeiza.

IR: Desde un principio, por ejemplo, el cine de Camus está muy arraigado a la corriente de Ignacio Aldecoa o a la de Luis Martín-Santos. Tiene una influencia sociopolítica importante. Cinematográficamente hablando, además del clasicismo americano, ¿crees que el punto de encuentro de vuestra generación puede ser el cine del neorrealismo italiano de los 40 y 50?

PO: Socialmente, incluso políticamente hablando, había cierta postura. Sobre todo, como digo, con la revista *Nuestro Cine*. Por ejemplo, ahí está Carlos Saura con *Los golfos*, en cuyo guion participó Mario Camus. Es prácticamente una película neorrealista italiana, pero hecha en España. *Young Sánchez* era un proyecto inicialmente de Saura que luego hizo Camus. Carlos se retiró al ver *Rocco y sus hermanos*. Probablemente pensaría que el de los boxeadores era ya un tema redundante. De todas formas, aun estando de acuerdo con todos ellos en lo ideológico, yo era casi un verso suelto. Mi ambición ha estado siempre en el relato. Y eso, probablemente, es más una influencia americana, como dices.

IR: Vamos a entrar en materia. Apuntabas tu influencia literaria pero… ¿cómo definirías el cine? ¿Un medio de exploración de formas, un medio para contar historias, o la eterna quimera… un equilibrio de ambos (la famosa unión entre forma y fondo)?

PO: La historia del cine ha dado cabida a todo. Ahora bien, en el que yo he hecho siempre he buscado dos elementos indispensables… una buena historia y una buena forma. Todo esto, lo veíamos ya en la escuela. Por ejemplo, Berlanga se descojonaba de todo lo relacionado con la planificación, de hecho él rodaba todo en planos-secuencia. Según él por vagancia, cosa que es mentira. Era como un pedante pero al revés (risas). Saura era otro mundo. Por ejemplo, un ejercicio de los suyos… «Una pareja está en un parque, empiezan a meterse mano, viene un guardia y los multa. Venga… a planificar». Y empezabas a desglosar… «plano de chica, plano de chico, punto de vista del guardia que se acerca, en *travelling*, etc.».

A mí siempre me ha gustado el cine, desde pequeño, cuando iba al Olimpia de Bilbao a ver a los hermanos Marx. Y me encantaban las historias de terror. En verano íbamos de vacaciones a un caserío denominado Kategi, en Berriatua, donde un familiar nos contaba unas historias truculentas que, supuestamente, habían sucedido en aquellos parajes. Oírlas, me ponía el coco en marcha, me encantaba inventarme historias a mí también. Creo que mi deseo de narrar viene de ahí.

IR: ¿Tienes claro desde un principio que lo que quieres es hacer cine de encargo?

PO: De encargo, que me llamen y, si me gusta y me lo creo, aceptarlo. Soy el primer espectador de la película. Siempre he funcionado con el criterio de que si yo lo «veo» el espectador también lo hará. Yo no pertenecía a ningún grupo, y me lo decían… Era la época en la que Saura empezaba a trabajar con Querejeta, había un componente autoral que despuntaba en el cine español. Yo también pequé un poco en ese aspecto, sobre todo con *La casa sin fronteras*, con una influencia muy grande de Saura y Querejeta. Aunque la he vuelto a ver hace poco y me parece que está mejor de lo que recordaba. Yo he trabajado por encargo, pero no he hecho películas alimenticias. Yo siempre he suscrito lo que he hecho. Con la productora que tuve gracias a mi familia, que no tenía mucho dinero pero eran muchos, pude filmar *El bosque del lobo* porque, de no ser así, la otra alternativa era hacer cine «ye-ye».

IR: Cada película, ¿es obligatoriamente hija de su tiempo? ¿Muestra los intereses o preocupaciones de la contemporaneidad de sus creadores?

PO: Sí, claro. No sé en qué porcentaje, pero es imposible inhibirte de tu tiempo. Lo que ocurre a posteriori es que hay películas que envejecen bien. De todas formas, esta profesión tiene algo estupendo y son sus recovecos. Es maravilloso probar algo y luego hacer lo contrario. Probar, probar y probar.

IR: Con lo que, teniendo en cuenta el carácter industrial del cine, ¿crees que una película es útil únicamente en el momento en el que sale a la luz o que perdura en el tiempo?

PO: Bueno, el mejor cine, ya sea europeo o americano, y no sé si para bien o para mal, es mucho mejor el del pasado que el del presente (risas), salvo honrosas excepciones. Fíjate en el cine mudo. No hablemos ya del cine de los 30 o de los 40, que es maravilloso y sigue funcionando.

IR: De hecho, siempre se ha hablado del periodo que va del 37 al 39 como el punto álgido del cine americano...

PO: Pero eso pasa con todas las artes. Cuando contemplas una pintura sabes, automáticamente, de qué siglo es.

IR: En España hay toda una tradición de artesanos muy olvidada, como Rafael Gil, Edgar Neville, Ladislao Vajda...

PO: Y Florián Rey, Benito Perojo...

IR: ¿Crees que las películas «de época», aun involuntariamente, son muchas veces un retrato, no ya de la época que escenifican sino más bien del momento en las que se realizan?

PO: Claro, claro. Una película de época puede ser, de hecho, modernísima. Y hay películas actuales que nacen ya viejas.

IR: Antonio Drove decía... «Soy de la opinión de que las películas políticas o históricas reflejan más exactamente el momento en el que han sido concebidas y producidas que el de la época a la que hacen referencia».

Vamos a cambiar de tercio para hablar del estilo. Una afirmación popular dice que existen dos tipos de estilo, el forzado (de pose) o el verdadero (que surge sin pretenderse). ¿Qué opinas? ¿Crees en el «estilo» de tus películas?

PO: El estilo hay que trabajarlo, al menos la forma de la película. Hoy en día, cuando veo la tendencia que hubo en los años 60 y 70 a utilizar el zoom, me pongo muy nervioso. Fue fruto de la época, ahí tienes un ejemplo de lo que comentabas ahora. Muchas películas se rodaban rapidísimo y algo que tenías programado para hacerlo en diez planos, finalmente no te quedaba otra que rodarlo en uno o en dos, empleando un zoom. Siempre que firmaba un contrato, me obligaban a comprometerme a rodar con un número determinado de metros de película. Si te pasabas tenías serios problemas. De hecho te lo descontaban del sueldo. Ahora, incluso puedes grabar una película con un móvil.

Yo parto siempre del guion. Y a partir de ahí, está la forma deseada y está el choque con la realidad. Porque, por ejemplo, hay secuencias que por la razón que sea te ves forzado a rodarlas en un solo día y eso te obliga a planificarlo de una determinada manera. ¡Cuántos planos se habrán convertido finalmente en uno solo! (risas). Bueno, o a la inversa, hay veces que tienes tiempo, juegas más con los y las intérpretes y surgen sorpresas positivas. Pero rara vez (risas de nuevo). El dinero manda. Nunca me he preguntado si hay algún tipo de unidad de estilo en mis películas. Se ha dicho, y se dice… «detrás está Olea…». Me acuerdo al comienzo, cuando adaptaba alguna novela como *El bosque del lobo*, o con Frade, *Tormento*, que tratándose nada menos que de Galdós me achacaban no ser fiel a la novela, acusándome de hacerlo a mi estilo. Bueno, ahora todo eso ya no está tan mal visto, ¿no? A mí lo que me preocupa es creerme la historia, y punto. Siempre he tenido cierta debilidad por los personajes marginados, como les pasaba a Camus y a Aldecoa… Soy de una mentalidad de izquierdas, con lo cual, ya se sabe, cada uno tiende a ver las cosas de una manera determinada, según su criterio.

IR: Ahora que citas a Frade… Los productores que, con un proyecto entre manos, contratan un director o directora para llevarlo a cabo, siempre han tendido a seguir ese modelo americano del que estamos hablando, es decir, el mismo aspecto narrativo del cine de Hollywood de los 30 y 40. De alguna forma, han buscado cierta transparencia narrativa y que el director o directora no venga con salidas de tono ni extravagancias, evitar la «cursiva» que diría José Luis Garci…

PO: Claro… Evidentemente, lo importante siempre es el guion. Con Frade hice cuatro películas (*Tormento*, *Pim, pam, pum… ¡fuego!*, *La Corea*, y *Un hombre llamado Flor de Otoño*). Nos dividimos con un proyecto, *Sangre y arena*, que yo no veía nada claro. Además de izquierdas soy antitaurino (risas). Y fue cuando quise hacer cine en Euskadi, porque empezó a crearse infraestructura para ello. Frade me decía que las brujas no daban un duro y, ya ves, *Akelarre* funcionó de maravilla, pero me la tuve que producir yo mismo. De todas formas seguimos manteniendo una relación estupenda. Y tengo que romper una lanza a su favor, porque las películas que hice con él tienen muy poco de conservadoras, más bien lo contrario, y él apechugó con eso. También los 70 fue una época favorable a ello, ahora sería más complicado, hay otros tipos de censura más perversos.

IR: *Tormento* sigue teniendo mucha fuerza… También *Pim, pam, pum…¡fuego!* y *Un hombre llamado Flor de Otoño*…

PO: Yo empecé a trabajar con Frade con *Tormento*. Me dejó un guion que no me gustó nada. Le dije que la novela era cojonuda, los personajes también, pero el guion no. Frade tuvo a dos guionistas trabajando previamente,

Ricardo López Aranda y Ángel María de Lera, pero tampoco él quedó conforme con el material. Así que el mismo Frade le dio una tercera vuelta y me pasó a mí ese cóctel. Un ladrillo tremendo. Yo le pedí que me dejara hacer mi versión, la de un director de cine, en definitiva. Recogí y revisé aquel follón de diálogos interminables y demás y condensé el guion prácticamente a la mitad. Cuando ya lo vi claro fue cuando le dije... «lo hago». Porque no me valía que la novela de Galdós fuera buenísima si después la película terminaba siendo un churro.

IR: Al hilo de lo que comentas, se dice que *Tormento* forma parte de una supuesta trilogía de Galdós, que se completaría con las novelas *La de Bringas* y *El Doctor Centeno*, transcurriendo todas ellas en los años anteriores a la Revolución de 1868. Viendo tu película veo destellos, detalles (el cura sin vocación, la familia Bringas...), extraídos de esas dos últimas novelas. ¿Fue algo deliberado?

PO: Por supuesto. Ese trabajo ya lo habían realizado Ricardo y Ángel. Lo que ocurrió fue que después del exitazo que tuvo *Tormento*, Concha Velasco se empeñó en hacer *La de Bringas*. Pero, claro, ya no quedaba casi material. Era muy pobre. No merecía la pena. Y ese fue el origen de *Pim, pam, pum... ¡fuego!* Concebí una película entera para ella. Yo quería hacer una cosa sobre la guerra...

IR: Spielberg les decía a sus alumnos que olvidaran el concepto de autoría, que no se preocuparan por ser artistas y aceptaran cualquier trabajo que les propusieran, que el tiempo diría si llegan a serlo o no. Que, al fin y al cabo, nuestra personalidad se manifiesta en cada acto que realizamos, la gran mayoría de ellos de forma inconsciente. En una palabra, que todo lo que hacemos habla irremediablemente de nosotros sin que podamos evitarlo. ¿Qué te parece esta afirmación en este oficio tan lleno de egos?

PO: Pues habla por sí sola. Nunca hay que tomarse demasiado en serio las cosas. Esta actitud también es muy de Azcona. Hay que contrarrestar siempre con humor. Cuando uno se toma demasiado en serio a sí mismo, generalmente las cosas salen mal. Y este oficio es muy de egos pero, precisamente, también es un quehacer colectivo. El director o directora debe velar por todo lo que ocurre.

IR: ¿Cuánto crees que tiene un director de oficio aprendido y cuanto de «genio»? ¿Se puede disociar realmente a los genios y artesanos como se ha hecho históricamente?

PO: Bueno, pero es que es un oficio muy distinto según para quién... Depende del temperamento y de la pasta de la que la directora o director esté hecho. Pero creo que pasa lo mismo con la pintura, la música y las otras artes. No todos y todas tienen el mismo peso ni están llamados a tenerlo. Cada cosa está bien en su sitio.

IR: ¿Toda película gira necesariamente en torno a un tema? ¿Ha de tener el film un mensaje claro o, por el contrario, debe plantear preguntas?

PO: Yo creo que las dos cosas son compatibles perfectamente. Tampoco conviene ir siempre con la verdad por delante.

IR: ¿Cómo te aproximas a tus proyectos, desde el tema o argumento o desde el aspecto formal?

PO: Generalmente desde el argumento. Luego se va materializando poco a poco. Aunque, fíjate, ahora que estamos en Bilbao, *Pim, pam, pum... ¡fuego!* debía de empezar en el Teatro Arriaga. Iba por otro lado. Pero Frade dijo que hacerlo así resultaría muy caro y que teníamos que rodar en Madrid. Así que lo modificamos todo.

IR: ¿Cómo surge el primer destello de un proyecto? ¿Siempre es igual?

PO: Cada película, al menos en mi caso, tiene una naturaleza de origen diferente. En general, cuando también la producción era mía, el origen del proyecto estaba más en la búsqueda que cuando me ofrecen dirigir. Y no siempre sale bien. *El bosque del lobo* fue como un tiro. En cambio con *La casa sin fronteras*, el Opus Dei entró de lleno y se cebó conmigo y con la película.

IR: *La casa sin fronteras* se acerca mucho al tipo de película que Querejeta hacía entonces con Saura. De hecho comparte a Geraldine Chaplin como actriz, a Luis Cuadrado en la fotografía... Es una película con aires de terror Kafkiano.

PO: Es que, ya lo he dicho, Carlos Saura fue mi maestro en la EOC y casi en todo. *La casa sin fronteras* se rodó en Bilbao. La secta que aparece en la película no tiene nombre pero, y esto es así, algunos se han dado por aludidos. El caso es que se estrenó muy bien en Berlín y, a raíz de eso, estuvo propuesta para ser nominada al Oscar –solicitada por EE.UU.–. Y el gobierno español la boicoteó por presiones del Opus Dei. Todo esto lo he sabido más tarde.

IR: Volviendo a los orígenes de los proyectos, ¿Cuánto tiempo dedicas a escribir un guion desde la primera idea hasta la versión de rodaje? ¿Eres disciplinado en la labor diaria? ¿Dedicas la misma cantidad de horas e igual franja horaria a la escritura?

PO: Depende totalmente. Para mí cada película ha sido una aventura distinta. Generalmente suele ser así... el o la guionista hace su trabajo, lo leo, digo «esto me gusta, esto no me gusta», el productor opina y hacemos los cambios necesarios. Es decir, aunque firmamos los dos, el peso lo lleva el o la guionista. Porque yo soy director. Otro ejemplo radicalmente diferente es el de Azcona (que, aunque las comparaciones son odiosas, es el mejor guionista con el que he trabajado). Por ejemplo, en *Pim, pam, pum... ¡fuego!* Azcona, entonces, residía cerca de donde vivía yo en Madrid y nos citábamos en una cafetería próxima. Hablábamos de la vida, de la gente que veíamos, de lo que aparecía en la prensa... y, de vez en cuando, yo hacía comentarios sobre la película que quería hacer y Rafael tomaba alguna nota. Y así pasamos varias semanas hasta que, de pronto, llegó un momento en el que me dijo: «Ya vale, Pedro. Bueno, al menos por mi parte, llámame cuando quieras». Al cabo de algo más de una semana, y después de las conversaciones que habíamos mantenido, me apareció con un guion cojonudo, y con todos sus detalles. En cuanto a *Un hombre llamado Flor de Otoño*, Rafael y yo transformamos la obra original. El autor, José María Rodríguez Méndez quiso que escribiéramos juntos el guion, y yo dije que no. Pudiendo tener a Azcona pues imagínate. En ese caso, Azcona y yo tratamos de alejarnos del tópico *viscontiano* del travesti guapete y quisimos hacer del protagonista un tipo interesante, pero no guapo. El tono era delicado. Íbamos hacia el esperpento. A Rodríguez Méndez no le gustó la película. Y yo, que soy persona conciliadora, quise pedirle «perdón». Ya ves tú, ¿perdón de qué? Pero así fue, me personé en una representación en Barcelona y quise hacer las paces. Pero, bueno, es agua pasada. Azcona ha sido el mejor guionista que ha tenido el cine español, controlaba perfectamente cómo debe construirse la arquitectura de un guion. Después ya no volví a trabajar con él, aunque lo intenté. En *Akelarre* me dijo que no sabía nada de brujas. En *Bandera negra*, que no sabía nada de barcos. En eso era muy honesto, se metía solo en lo que él dominaba.

IR: ¿Qué proceso llevabais una vez acabado el guion?

PO: Los guiones se los presentábamos a Frade y, generalmente, nos daba luz verde. Tanto una primera versión, o, como mucho, una reescritura afinada para rodaje. Era un productor muy respetuoso, nunca aparecía a la hora de rodar. Al acabar la película su veredicto era simple y claro… le gustaba o no le gustaba. Y conmigo el resultado siempre fue positivo, afortunadamente. Por ejemplo, ahora que acabas de citar a Querejeta. Yo deseaba en mi fuero interno que Querejeta me llamara para hacer cine, tenía un prestigio tremendo, pero a la vez trascendía su fama de dirigir en la sombra. Y eso es algo que a mí nunca me ha gustado.

IR: Darryl Zanuck era un ejemplo claro de productor creativo. Y como él, Irving Thalberg, Samuel Goldwyn…

PO: Sí… pero yo creo que es importante respetar el trabajo de cada uno… Es que si te llaman es por algo. Por otra parte, yo nunca me he considerado guionista salvo por la necesidad de ser director. Nunca he hecho un guion solo. Siempre he necesitado a un guionista, o incluso a dos. Mi aportación es la propia de un director, no la de un dramaturgo. Yo he propuesto muchas veces la idea, el argumento, para que luego el guionista principal lo desarrolle. Después, encauzo el material en base a la puesta en escena. Juan Antonio Porto es otro ejemplo de buen guionista, y estupenda persona. Al haber ido juntos a la EOC he estado muy en contacto con él, siempre.

IR: ¿Te gusta trabajar presencialmente con el otro guionista o hacerlo a distancia mediante relevo de material?

PO: Como no intervengo directamente es siempre a distancia… Un guion siempre está «vivo» y va desarrollándose durante el rodaje. Y si de entrada es bueno y sólido lo que varías son cosas de diálogos o necesidades de producción. Fíjate, en *Un hombre llamado Flor de Otoño* José Sacristán me sugirió cambiar el diálogo del momento en que él se «muestra» a su madre, tal y como realmente es. La madre lo llamaba «hija mía». Y Sacristán me dijo que se sentía rarísimo, que creía que debía decírselo en masculino y no en femenino, es decir… «hijo mío» en lugar de «hija mía». Llamé a Azcona para comentárselo y me contestó… «haz lo que te dé la gana que estará siempre bien hecho» (risas). Además, siempre hay alguien en el equipo que opina y aporta algo. Hasta en el doblaje.

IR: Se dice que hay dos tipos de guion en cuanto a estructura… de trama o de personajes. ¿Crees realmente que es así? ¿Por cuál te decantas?

PO: Por personajes que crean una trama (risas).

IR: El cliché es poner siempre a las producciones modestas como películas de personajes y a las superproducciones como películas de trama…

PO: El cine es tan variado… Me he enfrentado a todo. Pero no sabría qué decirte. Se funciona por intuición.

IR: En el comienzo de *La colmena*, de Mario Camus, el personaje de Francisco Rabal le dice a Francisco Algora… «la novela debe constar de los tres elementos tradicionales, clásicos y esenciales. Y esos tres elementos de los que le hablo, dejémonos de gaitas y modernismos, son… planteamiento, nudo y desenlace. ¡Sin planteamiento, nudo y desenlace, por más vueltas que quiera darle, no hay novela, no hay nada, que lo sepa, hay fraude y modernismo!».

PO: (Risas). Es una *boutade* graciosa. Pero si te pones a pensar siempre te sujetas a esos tres elementos, como dice el personaje de Rabal. Es algo inconsciente. Es que si hablamos de cine clásico… Eso está presente en toda la literatura que he mamado desde pequeño. En el cine, al principio se escribían los guiones en formato de dos columnas, que representaban la «imagen» y el «sonido». Todo estaba muy desglosado y se usaba mucho. Con el tiempo se pasó a un formato más literario, que es el que se quedó. Además el de dos columnas tenía el inconveniente de ser demasiado técnico en la práctica. Te ataba demasiado.

IR: Las malas lenguas dicen que desde que el cine se hizo sonoro tuvo como preferencia las maneras del teatro, el diálogo inundó la pantalla en perjuicio de la imagen, y que el guion también se hizo más literario en la forma, abandonando el *découpage* preciso de la era del mudo, abogando por la cobertura y la continuidad del diálogo. ¿Crees que un guion es mejor si, siempre que se pueda, está narrado con imágenes y acciones, como sugería Hitchcock? ¿O crees que debe pesar más el texto como en un guion de, pongamos dos ejemplos dispares, Eric Rohmer o David Mamet?

PO: Yo prefiero que no haya mucha verborrea. Pero, qué duda cabe, hay obras maestras en la que se habla muchísimo.

IR: Por otra parte, hay directores que aseguran que, idealmente, las películas debieran basarse en el material que uno conoce de primera mano.

PO: Y en caso contrario, documentarte. Claro que para eso la propuesta te tiene que interesar previamente, con lo cual la haces tuya. En el fondo es un tema de motivación. Yo, para *La conspiración* me pasé largo tiempo documentándome sobre el tema. El guion era de Elías Querejeta y lo cambié mucho. Gracia, su hija, también tenía escrita una versión. Bueno, pues combiné las dos existentes en una tercera, por mi cuenta.

IR: ¿Qué opinas sobre el *deus ex machina* o la presencia evidente del guionista en el texto? Por ejemplo, la estructura del «guion» de H. Mankiewicz en *Ciudadano Kane* (*Citizen Kane*)...

A raíz de lo que comentaba acerca de Hitchcock, otra máxima del mundo de la escritura es que «el movimiento se demuestra andando» o que «todo buen guion debe explicar los conflictos de los personajes mediante sus acciones».

PO: Eso depende de cómo enriquezca más la historia. De entrada, intento no ser conceptual. La historia me sugiere cuál es la forma más adecuada. Hay mucho de intuición

IR: Hablemos de géneros. Existen formas narrativas como la comedia, el *thriller*, el drama... Y hay cineastas que son géneros en sí mismos... Chaplin, Keaton, Murnau, Stroheim, Ford, Hawks, Renoir, Welles, Kubrick, Buñuel, Ozu, Dreyer, Bresson, Hitchcock, Bergman, Haneke, Almodóvar... ¿Cómo te ves? ¿Te sientes a gusto en los géneros preestablecidos o partes de una forma propia de ver las cosas como si fuera un sello?

PO: El tipo de historia dice mucho también. Por ejemplo, *Tormento*. En realidad, apenas lo toqué. Y luego decían que le había metido mucha mano... Claro, es Galdós, pero Galdós pasado por mi forma de ver las cosas. Al igual que, salvando las distancias, está *Nazarín* y está la visión de Buñuel de *Nazarín*...

IR: En el caso de *Tormento*, quizá tu intención fuese mantener más la identidad propia del libro de Galdós...

PO: Es que Galdós no es trasladable al cine en toda su magnitud. Puedes extraer el aspecto melodramático de sus argumentos. Por ejemplo Buñuel hace algo casi imposible, mezcla el melodrama con la vanguardia.

IR: Hablando de Galdós, hay un punto de unión muy singular entre *Tormento* y *Fortunata y Jacinta*, la serie de Camus para TVE. En ambas, Ana Belén se hace con la función. De hecho en los 70 te comparaban con Camus, fue vuestra época más fecunda de actividad como artesanos. Es cierto que, al margen de los argumentos, compartíais cierta sobriedad en la puesta en escena.

PO: Mario era estupendo. Aparte de ser un excelente cineasta era un gran escritor y guionista. Por ejemplo, escribió para mí el guion de *Más allá del jardín*, y mejoró bastante la novela, todo hay que decirlo. Mario tiene relatos preciosos y algunos muy humanos. Y cuando ha adaptado otros textos, sabe mejor que nadie dónde se mete, qué es lo que va a funcionar y qué no. La *Fortunata y Jacinta* de Mario era magnífica, fue un éxito total. Y ahí el autor es Galdós, por supuesto, pero Mario supo encontrar el tono de cómo adaptarlo.

IR: Volviendo a *Tormento*, ese final del tren con Concha Velasco marcó una época...

PO: «Puta, puta, puta...». (Risas) Eso fue un bombazo.

IR: Por cierto, he citado antes a Almodóvar, cuyo bautismo cinematográfico se produce en *Un hombre llamado Flor de Otoño*.

PO: Pedro venía mucho a casa de Fernando Colomo, a la que yo también acudía, y nos proyectaba los Super 8 que hacía. Ya entonces, era toda una personalidad. Y cuando estábamos a punto de empezar la película me pidió, por favor, que le dejara ser segundo ayudante. Quería introducirse en el mundo del cine. Yo lo incorporé al rodaje y, no solo eso, sino que incluso hizo un pequeño papel. Y, en lugar de aparecer como segundo ayudante, pues le dimos crédito a su personaje y así quedó.

IR: Quién se podía imaginar adónde llegaría después...

PO: Figúrate (risas).

IR: Quería preguntarte acerca de la libertad creativa en la escritura. ¿Crees que actualmente, a la hora de plantear un proyecto, puede existir una cierta autocensura por temor a ofender, ya desde el guion? ¿Te has visto envuelto en alguna situación parecida? Tú también lo apuntabas... Antes, la censura era clara y se actuaba en función de una serie de requerimientos. ¿Existe ahora una censura blanca, popular, de lo políticamente correcto?

PO: Bueno, pero es que es una escalera. En el primero que piensas es en el productor o productora. ¿Le gustará? Luego, en el distribuidor ¿Qué opinará? ¿Se podrá vender?... y así sucesivamente. Quiero decir, es inevitable. Estás constantemente sometido al juicio externo. Está claro que hay una tendencia a evitar temas. Como ya he dicho, fíjate la que me cayó con el Opus Dei en *La casa sin fronteras*. Y traté un tema tabú como la homosexualidad en *Un hombre llamado Flor de Otoño*. Con el tiempo y la democracia todo se ha ido normalizando. Ahora existen nuevos retos. Está muy presente el tema de la igualdad y el feminismo. Es más, como hombre de izquierdas creo que es necesario mostrar la injusticia terrible que históricamente se ha cometido, y que se sigue cometiendo, con la mujer... Pero también añadiría que se tiene que poder hablar de ello bajo distintos prismas.

Porque eso enriquece. La censura no es buena en ningún contexto. Yo toreé los tiempos siniestros del franquismo, años en los que yo y muchos compañeros hicimos un cine que hoy sería muy difícil de hacer. En la actualidad, debido a la censura industrial, podrían acusar a *Un hombre llamado Flor de Otoño* de hacer apología del terrorismo, porque al final, como trasfondo, aparece el anarquismo y la preparación de un atentado contra Primo de Rivera.

IR: Históricamente, las corrientes de opinión dominantes han influido siempre en el perfil del producto que circula por el mercado. Las tendencias...

PO: Y el cine es una industria, no hay que olvidarlo.

IR: Pero ahí están esas obras «felizmente» intemporales que, sin jactarse de ello, se han mantenido como grandes creaciones. Las películas de Buñuel son un claro ejemplo. Las preocupaciones de su época quedan a un lado. Y, sin embargo, actualmente siguen siendo películas vibrantes.

PO: Porque Buñuel era un universo propio... Saura, al principio, era muy cercano a él en algunos aspectos. Luego menos.

IR: Hitchcock y Buñuel tienen muchas similitudes. Hubiese sido interesante ver esa carrera como artesano en Hollywood que nunca pudo llevar a cabo. Porque la que hizo en México es magnífica. En Buñuel hay una voluntad claramente iconoclasta. Otros ejemplos cuya filmografía está aparentemente al margen de su momento histórico son Bergman, Dreyer, Bresson...

PO: También son casos aparte. A mí personalmente no me han interesado demasiado las modas. Lo que ocurre es que también hay que saber aprovechar un tema que sabes que va a funcionar. De eso los buenos productores saben mucho.

IR: Recordemos la famosa expresión «Una película de» *vs* «Dirigido por». ¿Quién es el autor de una película? ¿Todo el mundo aporta de igual manera? ¿El director es un simple encargado de obra o hay un factor autoral que rige al resto y recala sus ideas en favor del resultado?

PO: Yo siempre digo que una película es un trabajo de equipo. Y es que siempre hay decisiones que cambian el destino de una obra. Por ejemplo, *El bosque del lobo* yo quería haberla hecho en blanco y negro y con José María Prada. Pero el distribuidor dijo... «en color y con estrella».

IR: Pero, se suele decir aquello de «*El bosque del lobo* de Pedro Olea».

PO: Son cosas de la industria. El productor es propietario de la película y el director queda como representante artístico de la misma. Bueno, en este caso yo también era productor (risas). Siempre que me he producido ha sido por fuerza mayor.

IR: ¿Disfrutas trabajando con las actrices y los actores?

PO: Siempre. Soy un actor frustrado. El peor del mundo (risas). Y he probado… pero no me relajo.

IR: ¿Crees que tu forma de trabajar con ellos y ellas ha ido evolucionando desde tus primeros trabajos hasta la actualidad?

PO: Yo te diría que no ha evolucionado mucho…

IR: También es cierto que has trabajado con estrellas desde tus primeras películas…

PO: Es justo lo que iba a decir. Yo siempre he tratado de que la dirección de actrices y actores sea como un juego. Que no tenga ese rigor de cosa terrible, dura, de hacerles sufrir y todo eso… un poco de sentido del humor.

IR: ¿Qué crees que te han aportado como director?

PO: Muchísimo. Lo más importante de una película son los actores y las actrices. Una película es un relato de cosas que les pasan a unos individuos. Entonces, según como estén esos personajes el relato funciona o no funciona. Y hay mucho de intuición a la hora de escoger actores y actrices. Por ejemplo con López Vázquez acerté, con Sacristán acerté… Con Concha Velasco siempre he acertado.

IR: Velasco, Ana Belén, Fernán Gómez, Rabal, Landa… Has tenido la gran suerte de trabajar con casi todo el cine español… ¿Cómo trabajabas con ellos? ¿Preferías que se adaptaran a una idea tuya preconcebida, o te gusta ver qué te ofrecen y transformar el proyecto con ellos?

PO: Para *Tormento*, Concha peleó muchísimo por el papel. Se empeñó en hacerlo. Yo no la conocía. Concha era muy amiga de Juan Diego y de Eloy de la Iglesia que, a su vez, también eran amigos míos. Ella se empeñó en que nos presentaran, y hablando de una cosa y de otra me soltó… «Sé que vas a hacer *Tormento* y quiero decirte que estoy deseando hacer el papel de Rosalía de Bringas, porque me encanta». Yo le dije que no la veía en edad para hacer ese personaje. Y ella insistió, me dijo que estaba dispuesta a hacer una prueba si era necesario (no es muy habitual ver a las estrellas haciendo un *casting*). Total, apareció a la prueba con los mofletes rellenos de algodón, como Marlon Brando en *El padrino* (*The godfather*), sin maquillar, para aparentar más edad. Y nos convenció. Eso sí, en rodaje la idea de los mofletes resultó ser muy poco práctica y tuvimos que prescindir de ella… Me prometió que engordaría, aunque luego no lo hizo (risas). La Velasco de *Tormento* fue una Velasco nueva, que no se había visto antes. Se llevó muchos premios. Pero Ana Belén también está estupenda… Concha Velasco se llevó todos los premios, pero ella misma reconoció que la que de verdad brilla en la película era Ana Belén. Pero sí, los actores y actrices deben encarnarse en esos personajes, materializarlos. Siempre he trabajado de manera muy colaborativa. Se leen el guion y hablamos. «¿Qué te ha parecido esto? ¿Qué te gusta? ¿Qué no te gusta?». La actriz o el actor debe estar muy relajado, muy a gusto, en el rodaje para que todo fluya. Bastante jodido es su oficio como para que encima no se sientan cómodos. Hay que relajar al actuante y hay que relajar el rodaje en general. Hay que relativizarlo todo. Se tiene que notar en la película que el equipo lo ha pasado bien. Yo no creo en el sacrificio y esos métodos. Cuando las cosas han ido bien se nota. Las tensiones nunca son buenas.

IR: Al hilo de lo que comentas acerca de trabajar con figuras consagradas… ¿Prefieres optar por rostros conocidos de los que puedes obtener solvencia profesional o te gusta tantear actrices y actores aún por descubrir? ¿Qué factores te pueden llevar a una u otra decisión?

PO: Depende del personaje. Pero por norma general prefiero tener actrices y actores cualificados. Al final esto es un oficio de profesionales en el que cada uno ha adquirido una experiencia. La frescura de alguien sin experiencia es atractiva sobre todo para rostros infantiles o adolescentes. En adultos quizá para retratar un ámbito muy concreto, como el rural… Pero en general es mejor contar con alguien profesional. Normalmente me ha tocado tratar personajes potentes, y eso requiere actores y actrices con fuerza. Ahora bien, si hablamos de *La Corea* o *Morirás en Chafarinas,* casi todo fue casting.

IR: Imanol Arias aparece por primera vez en el cine en *La Corea*. Repetisteis en *Bandera negra*, una colaboración que no resultó muy positiva…

PO: Bueno, de eso se habló bastante con la polémica del estreno, y también se comentó en el documental que me hizo hace algunos años Pablo Malo… En cuanto a *La Corea*, sí, la aparición de Imanol fue fruto del casting.

IR: ¿Disfrutas de los castings?

PO: Depende también del dinero que haya, la urgencia... Habitualmente prefiero supervisarlos. Pero también ha habido casos en los que alguien ha hecho el trabajo previo. Si al mismo tiempo estás viendo exteriores u ocupado en otras labores, lo coordinas con tu ayudante de dirección... «vete haciendo esto y luego me pasas lo que has hecho».

IR: Hablemos de los ensayos. ¿Ensayas con los actores y actrices en la preproducción? ¿Cuánto tiempo? ¿Qué sistema de ensayos empleas? (lectura previa en mesa, desarrollo de escenas en locales...).

PO: He ensayado, pero no siempre... El cine español ha sido tradicionalmente de poco ensayo, creo yo.

IR: Abundaban las actrices y actores pragmáticos como Fernán Gómez, por ejemplo.

PO: Pero fíjate, cuando filmamos *Pim, pam, pum... ¡fuego!*, Emma Cohen, su pareja, me preguntó... «¿Qué le has hecho a Fernando, que se lleva el papel a casa, cuando no lo ha hecho nunca?» (risas). Por su parte, López Vázquez, era un autodidacta total, se lo apuntaba todo en el guion. Generalmente, el cine español de antes no ensayaba. Un ejemplo clarificador de esta práctica es *Tormento*. Se habla de los papeles en una lectura común del guion y listo. Luego ya, en rodaje, cada uno hace su trabajo. Claro que previamente, se habla de todo lo que haga falta. Te viene el actor o actriz a preguntarte por esto y por lo otro y tú respondes. Pero es que, además, un actor o una actriz puede estar al mismo tiempo trabajando en una función de teatro mientras se inicia la preproducción de la película o puede estar inmerso en otros compromisos. La exclusividad de actores y actrices es difícil... Y cara.

IR: Una vez ya en rodaje, ¿preparas con los actores y actrices el bloqueo de la escena en el propio set?

PO: Yo ya voy con una idea de cómo se tienen que mover. Después, naturalmente, hay que ver qué pasa allí. En *El maestro de esgrima* todo eran coreografías. Y se ensayaban en el propio set. Pero luego llegaba el momento de rodar, se quitaban las máscaras y... Omero Antonutti casi se queda ciego ante la vehemencia interpretativa de Assumpta Serna. Y se pilló un cabreo monumental. «*Questo è cinema, non è la realtà*», gritaba (risas).

IR: Siempre hay jornadas en las que se mezclan actrices y actores profesionales, no profesionales, adolescentes y niños, además de la figuración... ¿Cómo afrontas estas situaciones?

PO: Y perros, o animales (risas). Pues con paciencia y sentido del humor.

IR: ¿Cómo has preparado las escenas de intimidad según la época que te ha tocado vivir... dictadura, transición, primera democracia y en la actualidad?

PO: Bueno, el del sexo siempre es un capítulo delicado y es importante la relajación. Y, una vez más, el humor. Se ha abusado mucho de su exposición, sobre todo después de la dictadura, en la primera democracia. Eso, afortunadamente, ha cambiado.

IR: Actualmente hay coordinadores de intimidad que controlan y garantizan la ética de esas escenas en rodaje.

PO: Naturalmente, y me parece bien. De todas formas las escenas que me han tocado tratar siempre han sido muy «normales», sin llegar a excentricidades. No sé hasta qué punto me habría hecho falta la figura de un coordinador de los actualmente existentes.

IR: Vamos a centrarnos en la planificación. Por ejemplo, y siempre que sea posible ¿te gusta rodar en orden cronológico?

PO: Lo prefiero, pero pocas veces es factible. Muchas veces tienes que agrupar las jornadas en base a diferentes condicionantes como, por ejemplo, los decorados donde tienes que rodar, las sesiones de rodaje nocturnas... Dramáticamente es interesante para el rácord interpretativo de las actrices y actores, su arco dramático, pero tiene mucho que ver que el guion se predisponga a ello, que ya tenga una intención. Si lo puedes trabajar en el guion, hazlo.

IR: Claro, hablabas antes acerca de *La caza*, de Saura, que es un ejemplo de lo que hablamos. Respira unidad por todos los costados. Y, además, a Saura le encantaba rodar cronológicamente.

PO: Es cierto.

IR: ¿Cómo te gusta trabajar la planificación del rodaje con la o el ayudante de dirección? ¿Te propone una idea de orden de trabajo o le informas tú, previamente, de ciertas preferencias?

PO: En los rodajes siempre hay que empezar suave. No conviene que los primeros días de rodaje haya nada dramáticamente relevante. Por lo demás, siempre hay alguna secuencia que conviene reservar para cierto momento concreto, y lo comunicas. Pero, en general, los ayudantes de dirección son gente muy profesional y ordenada y hacen un trabajo extraordinario. Confío totalmente en su criterio.

IR: ¿Cuántas semanas de rodaje trabajas habitualmente?

PO: En general han sido seis o siete. Depende del proyecto, de su envergadura. Pueden ser más o menos.

IR: ¿Cumples habitualmente el plan dentro del plazo o tiendes a excederte?

PO: Creo que siempre he sido bastante obediente. Yo cumplo. No hablemos ya de cuando te toca producirte. Ya hemos hablado antes de *La casa sin fronteras*. Tuve que fundir diez planos en uno solo para poder acabar una jornada a tiempo. Por lo general, incluso he tendido a acabar antes. Pero, ojo, que las semanas se pagan y si una jornada acaba antes de tiempo, como es natural, a los productores no les gusta tener contratado a un personal que trabaja menos de lo estipulado. Hay que guardar un equilibrio. Nunca he sido nada pijo en ese aspecto, ni para una cosa ni para la otra. Lo mismo que tus películas te pueden dar fama o prestigio con el público, los productores, que al fin y al cabo son la madre del cordero, saben si tú eres rentable o no en función de cómo ruedes.

IR: ¿Haces por separado la puesta en escena y la puesta en cuadro? ¿Vas con una idea previa? ¿La adaptas en rodaje?

PO: Siempre antes. Voy con la tarea hecha. Al principio tiraba mucho de unos comics que dibujaba…

IR: Los *storyboards*…

PO: Exacto. Pero luego la práctica te demuestra, como en el caso de *La casa sin fronteras*, que te toca comerte diez planos en uno, pues las planificaciones son más abiertas a lo que sucede en rodaje. Luego empecé a dibujar una planta, mostrando lo que la cámara abarca en cada plano, el movimiento… pero, como digo, eso es algo provisional. Para saber que tengo un timón donde agarrarme. Al principio recuerdo la guerra que te daban en la escuela con lo del salto de eje y todo eso…

IR: ¿Todo eso lo haces en preproducción o la víspera de rodar?…

PO: Generalmente en preproducción, para que los jefes de departamento tengan una noción de las necesidades. En rodaje es un documento que tenemos el ayudante de dirección y yo… pero, como norma general, todo lo que puedas adelantar, tanto mejor.

IR: Desde un punto de vista práctico, ¿cómo preparas el desglose de planos de un guion literario? ¿Generas otro paralelo o tiendes a garabatear sobre el propio guion literario?

PO: En el propio guion literario, en la parte de atrás.

IR: Esa planta que dibujas supongo que contiene el «espíritu» del plano... si va a ser un plano fijo, una panorámica, un travelling, cámara al hombro, *steadycam*, grúa...

PO: Evidentemente. Y, para producción, también son importantes las necesidades. Pero, aun así, yo voy con una idea y si encuentro otra mejor, pues adelante. Si el travelling no acaba de funcionar y queda mejor en panorámica, pues trípode y panorámica.

IR: ¿Planificas para una cámara, para dos o para más?

PO: Alguna vez he rodado con más de una cámara. Un poco en función de la envergadura de la secuencia, pero la norma es planificar para una cámara. Es que eso va ya planteado desde el guion, al menos en mi caso. Puede ser también que haya dos cámaras cuando, por ejemplo, dos actrices o actores tienen una secuencia muy larga, y aprovechas y montas las dos cámaras. Ahorras tiempo y dinero. Y ganas en calidad, siempre y cuando los ángulos no se pisen, el rácord es perfecto, las dos cámaras están sincronizadas. La lógica es importante en un rodaje.

IR: En cuanto al bloqueo de extras... ¿Se lo dejas al ayudante de dirección o te gusta coreografiarlo tú mismo?

PO: Se lo dejo al ayudante de dirección. Lo delego pero me fijo en cómo va y sugiero cosas. Hay excepciones. Por ejemplo las actuaciones musicales de *Un hombre llamado Flor de Otoño* las hice yo mismo. En *El maestro de esgrima* hay planos en los que tenía que haber acotado un poco más el encuadre porque me da la sensación de que están demasiado vacíos, hay mucho aire entre la figuración. Como suele ocurrir tantas veces, no hay dinero para la figuración necesaria y queda pobre. La solución en estos casos puede ser juntar más a las y los figurantes y que el cuadro sea más cerrado. Estas cosas te las da la experiencia.

IR: Cuanto más luzca la producción, mejor...

PO: Naturalmente.

IR: ¿Tu forma de dirección se repite deliberadamente en cada filme o te planteas una distinta según la película?

PO: El «A-B-C» es siempre el mismo. Claro, luego tienes que adaptarte al tipo de historia. Eso es lo fascinante de este oficio.

IR: ¿Actúas de manera instintiva en el set? ¿Crees que es importante la conexión emocional con el equipo y lo que va sucediendo, o conviene aislarse cerebralmente como en un partido de ajedrez?

PO: En algún caso me he dejado llevar por las circunstancias. Pero dependiendo del trabajo que tengas es recomendable estar centrado en lo tuyo. Generalmente me gusta estar centrado.

IR: ¿Montas con la cámara –metraje justo y ordenado–, o te gusta «cubrirte»? ¿Haces distintas versiones de un plano y/o añades nuevas posiciones de cámara según cómo evoluciona el rodaje?

PO: Normalmente lo tengo bastante claro pero hay veces que, efectivamente, me curo en salud y hago un plano general, o un inserto que no estaba previsto, o añado una escenita corta...

IR: Voy a detenerme en las películas que hiciste para Frade, donde la planificación es muy próxima a la esencia del Hollywood clásico, tienen una sobriedad exquisita. Sé que te hicieron cierta acusación de academicismo pero, desde luego, el tiempo te ha dado la razón. Santos Zunzunegui, en el ensayo que hizo sobre *Pim, pam, pum... ¡fuego!* en *Paisajes de la forma* hablaba de la ejemplaridad de la puesta en escena... «(...) pasamos de lo general (una cierta descripción de la España de la inmediata posguerra o, mejor dicho, la puesta en escena de un cierto imaginario en torno a los años cuarenta) a lo particular (una mujer y un hombre, cara a cara) y se nos pone en contacto con los protagonistas básicos de la ficción. De esta manera, yendo de lo general a lo particular, se pone en evidencia que la relación entre personajes individuales y trasfondo social en el que se mueven no es el de una mera superposición de "figuras" sobre un "fondo", sino que, en sentido estricto, "emanan" de este. Con otras palabras... sin duda se afirma que la peripecia de los personajes va a verse condicionada, de manera radical, por el mundo en que se mueven».

PO: De entrada a mí me gusta el plano general para dar ambiente, mostrar las cosas como son. ¿Dónde estamos? No engañar al espectador. Luego, los medios... Los diálogos se tienen que escuchar bien. Cada frase en su boca. Los americanos han hecho esto mejor que nadie. Es que hay que guiar al espectador. Hay que tratarlo con inteligencia...

IR: Es especialmente brillante la presentación de Fernando Fernán Gómez en esa película, basada en el «fuera de campo», completamente asociada a su condición y carácter. Presentación que el propio Zunzunegui también menciona en su texto... «(...) la incorporación del personaje de Julio a la narración se realizará mediante un "off" sonoro –el "Hola" que espeta a Paca mientras esta busca trabajo en el Teatro Martín– y que, en la escena en que comienza ese auténtico descenso a los infiernos que constituyen las secuencias finales de la película, la aparición de ese ángel del mal que es Julio está concebida mediante la combinación de planos más notable de toda la obra que me ocupa... mientras canta y gira despreocupadamente sobre ese mismo escenario del Martín, Paca mira fuera de campo y su rostro se demuda. Corte neto y pasamos a un travelling semi-subjetivo hacia adelante –acompañamos a Paca situados tras su hombro izquierdo– que nos descubre la presencia del estraperlista. De esta manera se nos hace partícipes, en dos tiempos, del descubrimiento de Paca y se nos invita a compartir su estupor y su miedo ante una amenaza que creía definitivamente apartada de su vida. La misma organización formal de la escena nos obliga a tomar postura ante los hechos a los que asistimos. De espectadores meramente interesados hemos pasado a ser auténticos sujetos de las pasiones que el texto fílmico despliega antes nuestros ojos».

PO: Fernán Gómez se portó maravillosamente en aquel rodaje. Fíjate que no tenía tantas sesiones en total, como el resto. Pero estaba hasta cuando no se le convocaba. Por ejemplo, esa presentación que dices, tal y como estaba planificada, quitando un plano de conjunto final, se podía haber rodado sin la presencia de Fernando. Pero estaba allí. Ocurrió lo mismo en la escena de Concha Velasco y la revista musical de Eugenia de Montijo. Yo no tenía previsto mostrar a Fernando con Concha en ningún plano, pero aproveché la circunstancia y lo introduje en el travelling de acompañamiento de la coreografía del baile. Es un plano de acompañamiento trasero a Concha, pero al final Fernando entra en plano, la dejamos marchar a ella y nos quedamos con él.

IR: Le da una gravedad tremenda a la escena. El rostro de Concha Velasco es terrible cuando lo descubre...

¿Cuántas tomas haces habitualmente? ¿Sabes de antemano cuantas vas a hacer o es algo que sucede según las circunstancias?

PO: Muchas según la Velasco (risas), que me dijo que la obligué a repetir veinte veces un plano en *Tormento* para rebajar sus humos de estrella. Pero no es cierto. Para cosas sencillas, en general, las doy por válidas, como mucho, a la segunda. Y con cosas complicadas jamás he pasado de dos o tres tomas, depende de la circunstancia, claro. Hoy en día con el digital es más fácil, puedes tirar las que quieras... En cualquier caso no le veo demasiado sentido a hacer muchas tomas. Con tanta repetición llega un momento en el que los actores y actrices se transforman en máquinas. Es importante la frescura de las primeras tomas.

IR: Lubitsch decía... «Hay mil maneras de posicionar una cámara, pero en realidad existe solo una». ¿Qué opinas?

PO: Claro, la justa (risas). La que el director considere. Ahí es donde distingues a un buen director de uno malo.

IR: ¿Cómo te gusta abordar la planificación en el día de rodaje? ¿Ruedas primero los planos generales y luego vas cercando el área? O, quizá, ¿ruedas primero los planos cortos si implican mucha emoción por parte del actor?

PO: Si la escena es sencilla siempre vas de más a menos. De general a corto. Si el plano requiere mucha carga emocional intentas hacer los cortos primero, para que el actor o la actriz no se canse, o en caso de que lo prefiera. Pero depende porque, a veces, mientras haces los generales el actor se va engrasando y así, cuando entran después los cortos, está preparado y da su mejor versión.

IR: Hablemos de escenografía. ¿La trabajas mentalmente, de manera previa a escribir el guion? ¿Cómo trabajas con el director de arte? ¿Cuánto aporta el escenógrafo al proyecto?

PO: Rara vez imagino un escenario real posible mientras escribo un guion. E incluso cuando lo leo si lo ha escrito otro. Soy metódico en eso. Hay excepciones, como el proyecto original de *Pim, pam, pum... ¡fuego!*, que estaba ambientado en el Arriaga pero que luego cambió. Normalmente el director artístico me hace las propuestas. Hace una búsqueda, te enseña localizaciones... y tú escoges.

IR: ¿Prefieres el trabajo en localizaciones reales, en decorados o en una combinación de ambas propuestas?

PO: Una combinación de ambas. Es más cómodo trabajar en plató. Pero luego está el realismo. También el tipo de historia, qué puede aportar cada cosa a la película.

IR: El comienzo de *Pim, pam, pum... ¡fuego!* es estupendo. ¿Cómo hicisteis ese travelling de retroceso entre los pasajeros del tren hasta encontrar a Concha Velasco y a Josep María Flotats? ¿Era un decorado en estudio? Es muy difícil de hacer algo así en un tren real y en marcha...

PO: Pues era en un tren real y en marcha, como dices. Era un travelling, la gente estaba agachada y, conforme la cámara iba hacia atrás, se iban sentando en sus asientos. Lo ensayamos muchísimo. Es que yo me puse muy cabezón con eso (risas). Siempre lo he sido. «Quiero hacerlo así y se hace así». La premisa era… «un travelling de retroceso en un tren en marcha en el que no deben notarse las vías». Pues se hace hasta conseguirlo.

IR: El exterior es maravilloso, cuando Concha Velasco esconde a Josep María Flotats en el aseo ocultándolo de la policía, lo bien que transmite esa atmósfera de frío, de miseria de posguerra, con esa niebla…

PO: Es niebla auténtica. No es efecto. Rodamos en invierno. Fue un rodaje muy duro, pero tuvimos mucha suerte.

IR: El final de *Tormento* también es magnífico. ¿Tuvisteis que partir el vagón para hacer ese travelling lateral?

PO: Exacto, sí. Siempre me han gustado esos retos técnicos.

IR: Haciendo un pequeño paréntesis, es muy curioso el autohomenaje que te haces introduciendo el *making of* de *Tormento* como inicio de película en *La Corea*. Es una forma original y elocuente de enlazar dos películas. Pasas de pronto de una época a otra. Los personajes se mezclan unos con otros y el protagonista de la nueva película se aleja de la estación de tren. ¿Cómo surgió eso?

PO: Esa idea fue cosa mía, para intentar motivarme y animarme con un guion que no me gustaba nada. Esa película fue un error total. El guion lo escribió Alfonso Jiménez Romero, que quería trabajar conmigo a toda costa. Luego llamé a Juan Antonio Porto, para que le diera algo más de solidez. Pero aun así fue un despropósito. La idea estaba bien. La gente que vivía donde transcurre la historia también. Pero luego la historia… Era demasiado retorcida. Pero como tenía morbo y un «no sé qué» dije que sí. Entre otras cosas porque el guion ya estaba en marcha y tampoco tenía otra cosa mejor que hacer. Pero yo nunca me la llegué a creer. Y no funcionó. Hasta contactamos con Ava Gardner para que la protagonizara, pero le espantó el papel (risas). Ese comienzo, como dices, fue un guiño. El guion original empezaba con el rodaje de un spot publicitario en la estación. Y nos pareció que sería buena idea mostrar el rodaje de *Tormento* en lugar del spot. Era un chiste interno, que no tiene ni puta gracia. Nadie lo entiende (risas). Y es todo recreación. Como el equipo era el mismo, recreamos ese momento año y pico después. Llamamos a Concha Velasco y se ofreció a vestirse de nuevo de la Rosalía de Bringas y todo eso… Después del pinchazo que fue *La Corea*, yo tenía miedo de que Frade se decepcionara y no quisiera seguir trabajando conmigo, pero ocurrió lo contrario. Me dijo… «¿qué quieres hacer?».

Y yo vi un reportaje en la revista *Primer acto* sobre el auténtico travesti de *Flor de Otoño*. Me leí la obra, que estaba prohibida todavía. Y volví a llamar a Azcona.

IR: Volviendo al set. ¿Eres de los que pisa el terreno de rodaje a primera hora de la mañana, antes que nadie, para sentir la atmósfera?

PO: Sí, llego el primero. Me gusta ver cómo se va poblando el set. Y, conforme llega la gente, al primer sitio donde voy es a maquillaje, donde están los actores y las actrices. Y bromeas con ellos. Y vas generando un buen ambiente para la jornada.

IR: Vamos a hablar de fotografía. El estilo fotográfico ha evolucionado mucho a lo largo del siglo XX. ¿Qué opinas sobre la luz de una película? ¿Buscas un estilo para cada una? ¿Tiendes a imponer el estilo de antemano?

PO: Depende de la película. Pero tiendo a la sobriedad. No me gusta la fotografía sobrecargada o artificial. He tenido que frenar muchas veces al director de fotografía en ese sentido.

IR: Has trabajado con directores de fotografía de estilos muy distintos. El trabajo de Fernando Arribas en tus películas choca mucho con la sobriedad y el naturalismo de Luis Cuadrado, José Luis Alcaine, Hans Burman o Alfredo Mayo. Sobre todo en el exceso de difusión en el filtraje.

PO: Con Fernando Arribas trabajé en las películas que hice con Frade. Y tuve varios choques con él por el estilo recargado, como dices. Usaba mucha difusión, y era, en parte, para embellecer a Concha Velasco. Yo no soy nada partidario de esas tendencias. Y es que, además, para cuando veías el resultado final de la película ya no había vuelta atrás, porque generalmente montabas con copión en sepia. Se positivaba siempre alguna toma, a lo mejor no te gustaba y se lo decías al operador. Te decía que no te preocuparas, que lo corregiría, pero la cosa después seguía igual. Lo dramático hay que hacerlo sobrio y con poca luz. Ahora bien, en lo personal Fernando era estupendo, siempre le he querido mucho. Luego, Luis Cuadrado era una maravilla en todos los sentidos. Era listo, rápido, económico, sobrio, tenía personalidad... Fíjate en el trabajo de *La casa sin fronteras*. Todos esos interiores... Qué pena lo que le ocurrió después.

IR: De alguna forma su escuela era la que luego desarrollaron muchos a su manera, también Alcaine la corriente europea de la luz reflejada o rebotada que venía de Francia.

PO: Con Alcaine mantengo la comunicación. Su filosofía actual consiste en tener todo en foco, con el diafragma muy cerrado... Según Alcaine todo elemento del encuadre tiene que estar en foco. Incluso en un plano corto. Pues yo le digo que si hago un plano corto quiero que el fondo esté fuera de foco, que no me despiste. Lo que importa en un plano corto, incluso en un medio, es el actor o la actriz.

IR: Las relaciones de aspecto también se han ido ensanchando a los largo de la historia del cine. ¿Tienes una relación de aspecto preferida para encuadrar una película?

PO: En el cine hay un factor clave que es la narración. Y ella manda sobre la imagen. En mi caso, a veces, el director de fotografía propone el formato y si estoy de acuerdo me adapto. Pero generalmente prefiero el formato panorámico estándar. Ni demasiado *scope* ni demasiado corto como el primer cine. Los personajes en su entorno.

IR: ¿Utilizas las ópticas focales en función del valor del plano o aplicas una misma focal? ¿En qué rango te encuentras más cómodo habitualmente?

PO: Eso es cosa del director de fotografía. Si yo le pido un plano general él sabe qué focal es la más adecuada, lo mismo que si es un plano corto. Pero por norma general mi preferencia siempre está en un rango medio, ni muy angular ni muy teleobjetivo. Por ejemplo, lo que comentaba ahora acerca de Alcaine, si lo quieres todo a foco es difícil hacerlo con un teleobjetivo. Entiendo que él tenga cierta preferencia por los angulares que, por otra parte, vienen muy bien para lucir escenarios, pero no para primeros planos, salvo que busques un efecto dramático. Cada director de fotografía tiene sus preferencias. Muchas veces, hemos hecho pruebas durante un tiempo antes del rodaje y visto diferentes opciones. Pero generalmente, una vez en rodaje, los operadores han elegido las ópticas por su cuenta, sin comunicarlo. Antes eran muy opacos en ese aspecto. Es como lo del filtraje. Luego, a toro pasado, veías el resultado sin vuelta atrás.

IR: ¿Usas ángulos inusuales para la mirada humana: planos aéreos, contrapicados, encuadres holandeses...?

PO: Me horrorizan los holandeses.

IR: Suelen estar muy explotados en el cine de terror...

PO: Bueno, pero mi terror es un terror especial (risas). Terror como la vida misma. Como decían de *La casa sin fronteras*, terror de autor.

IR: ¿Echas de menos las proyecciones diarias? Ahora, pese a que los monitores inundan los sets de rodaje con la tecnología digital, y se hace más fácil, no se tiende a analizar demasiado la labor realizada durante la jornada. ¿Quizá hace falta ese detenimiento?

PO: Yo lo echo mucho en falta. Ahora los rodajes están plagados de monitores y todo el mundo opina mucho, es una locura... El de las proyecciones diarias era un momento muy especial.

IR: Los rodajes siempre han sido rápidos, pero quizá ahora lo son mucho más.

PO: Probablemente.

IR: ¿Cómo llevas las tensiones y los contratiempos de rodaje?

PO: Yo procuro siempre que no se me note. Y volver a la calma cuanto antes.

IR: ¿Se rinde menos en los rodajes nocturnos?

PO: Puede ser. Pero hay que estar preparado. Y colocar la jornada en un momento bueno del plan de rodaje. Si, por ejemplo, coincide con fin de semana planteas hacer fiesta al siguiente día. Eso, si son jornadas sueltas. Si son varias, se agrupan y lo mismo, intentas dejar un margen de tiempo lógico de un tipo de jornadas a otras.

IR: ¿Con quién sueles preferir pasar más tiempo en los descansos? ¿Equipo artístico? ¿Equipo técnico?

PO: Depende de la situación. Pero usualmente paso el tiempo con los actores y actrices. Siempre he tenido debilidad por los y las intérpretes.

IR: ¿Tiendes a estar sentado o eres activo en el rodaje?

PO: Me mantengo en pie, soy muy activo. No puedo parar quieto, soy de naturaleza nerviosa. Pero procuro que no se me note.

IR: ¿Te gusta que el montador vaya pre-montando el material ya en rodaje?

PO: Sí, por supuesto. Y si es gente como José Salcedo mejor aún.

IR: El primer montaje crudo suele ser un momento bastante dramático...

PO: Bueno... Falta el sonido...

IR: Generalmente, un primer montaje desmoraliza a los directores y productores, probablemente porque no ven más que defectos.

PO: Las y los montadores son un gran apoyo, porque donde tú solo ves defectos, ellos ven posibilidades. Tienen la mente fresca, y lo ven con distancia.

IR ¿Llevas ya todo mascado a montaje? ¿O prefieres que la o el montador trabaje en la propuesta cogiendo distancia? Hay gente que prefiere descubrir la película después...

PO: Yo confío mucho en la o el *script*, que tiene el orden de cómo tienen que ir las escenas a montaje. En mi caso va todo bastante claro. Luego puedes cambiar las cosas o no. O puede que la o el montador te haga una propuesta y mejore tu idea.

IR: Pero para eso hace falta tener material. Quien «monta con la cámara sabe que lo que tiene es lo que hay».

PO: Claro, y José Salcedo me ha salvado de más de un susto. Era increíble. Es el mejor montador que he conocido. Hay gente que se aburre en montaje, puede ser muy tedioso. Con Pepe era increíble, te reías todo el rato, el montaje era muy dinámico. Por ejemplo, en *El maestro de esgrima* me hizo rodar un plano que ni siquiera estaba previsto y la escena quedo maravillosa... Ahora, pensándolo bien, *El maestro de esgrima* tenía que haberse hecho, no en las siete semanas que duró el rodaje, sino en el doble, como poco. La secuencia del duelo final, por ejemplo, fue lo último que filmamos, pero con más tiempo se habría ejecutado mejor.

IR: Eres poco autocomplaciente con tu obra.

PO: Hay que ser muy crítico, siempre. Yo crecí con la idea de que el público siempre tiene la razón. Uno debe ser muy estricto con uno mismo.

IR: Al principio trabajaste mucho con José Antonio Rojo.

PO: Si, y también era muy bueno. Pero en *Akelarre* llamé a Pepe Salcedo, y creo que fue para mejor.

IR: En definitiva, descartas rodar más de lo necesario, versiones distintas de una escena, por ejemplo...

PO: Me parece que eso es una pérdida de tiempo y de dinero. Como decía, por norma general el orden de montaje va bastante perfilado desde rodaje.

IR: El montaje de tus películas tiene un corte transparente, no se nota.

PO: Un buen montaje no se tiene que notar. Siempre hay excepciones, claro...

IR: El montaje que imperaba en el momento que tú empiezas a hacer cine era sobre todo el «plano secuencia» y la continuidad. Marco Ferreri (*El pisito*), Miguel Picazo (*La tía tula*) y, por supuesto, Berlanga (a partir de *Plácido*). Y foráneos, Mizoguchi, Antonioni, Tarkovski, Preminger en EE.UU...

Buñuel es caso aparte y es ajeno a las modas, empieza y acaba en sí mismo, aunque tuvo una gran influencia del Kammerspiel y de Fritz Lang.

PO: Me encanta Fritz Lang. Pero sobre todo está John Ford. Es que… Ford es el cine del siglo XX. Lo abarca de arriba abajo… Yo coqueteé con todo lo que dices al inicio, sobre todo en los 60 y a principios de los 70. Pero al final uno va viendo qué cosas le funcionan y cuáles no. Al final no es otra cosa que la introducción de un lenguaje nuevo, moderno, o como quieras llamarlo. Son necesidades de renovar la forma de contar. Algunas envejecen bien, otras no tanto.

IR: El cine, como tantos otros estratos de la sociedad del siglo XX, ha sido una profesión bastante masculinizada. Aun así ha habido figuras femeninas relevantes en el cine español, como el caso de Ana Mariscal, Pilar Miró, Cecilia Bartolomé, Josefina Molina… Un departamento que, en cambio, ha gozado siempre de presencia femenina ha sido el de montaje: Margaret Booth, Dorothy Spencer, Barbara McLean (mano derecha de Zanuck en la Fox), Anne V. Coates, Verna Fields, Thelma Schoonmaker, Sally Menke…

PO: La injusticia de la mujer en esta industria es otro reflejo más de la sociedad. Eso está cambiando y está bien.

IR: Para ir cerrando el capítulo dedicado al montaje… ¿Hasta qué punto te implicas en el sonido? Por lo general veo que sigues la lógica de la narración. ¿Te gusta la creación sonora?

PO: A mí me gusta el sonido directo, pero me empezó a gustar cuando llegó a ser bueno. Antes era todo doblaje y era terrible.

IR: En cambio hubo gente que arriesgó cuando no era la norma. Fíjate en Picazo, por ejemplo, con *La tía Tula*. Era toda una excepción y una rareza para su época. Se dice que es la primera película con sonido directo del cine español. Es del 64… y, aun así, se siguió usando el doblaje hasta bien entrados los 80…

PO: A veces usábamos sonido de referencia para doblar después. En alguna ocasión se hacía sonido directo pero era de muy mala calidad y era casi inservible, había que doblarlo casi todo. Como bien has comentado, el sonido directo en España no fue bueno hasta bien entrados los 80.

IR: ¿Qué papel crees que tiene la música en una película?

PO: La música tiene que ayudar a transmitir lo que la imagen no puede. Tiene la última palabra, porque lo transforma todo. Y no siempre para bien, puede ser un peligro si no se emplea correctamente. Yo no he llegado al extremo de tener que eliminar la música, pero hay casos.

IR: ¿Cómo trabajas con el compositor? Has colaborado mucho con Carmelo Bernaola, por ejemplo, una de las figuras clave de la música del siglo XX en España.

PO: Bueno, he trabajado con otros músicos según los compromisos, pero mi carrera, principalmente, la abarca Carmelo. Es que Carmelo era como de la familia. A mí siempre me ha gustado mucho la música. Eso él lo notaba. A él le gustaba la corriente europea de bandas sonoras, el italiano Lavagnino, por ejemplo. Y hablábamos... Y lo hacía todo muy bien. Siempre tenía ideas estupendas. Lo hablaba todo con él.

IR: ¿Ya desde el guion?

PO: Sí, siempre.

IR: Escuché una vez una entrevista que le hicieron a Bernaola en la que decía que la banda sonora debe servir a la película, porque de lo que se trata es de hacer una película, no una música autónoma que la acompañe. Y, además, decía que la música de cine le ha venido siempre muy bien para saber lo que «vale» y lo que «no vale». Es decir, qué ideas resultan efectivas y cuáles superfluas. Porque en el cine no hay espacio para las medias tintas. El periodista Jesús Ruiz Mantilla describía a Bernaola como «Un músico austero, único, arriesgado, ecléctico y contradictorio, que huía de la pompa y no se tomaba demasiado en serio a sí mismo».

IR: Pero, volviendo al tema, ¿tú sabes dónde va a ir la música cuando estás en montaje? O es algo que prefieres dejar al músico, que haga su «magia» (para muchos, un acto de fe).

PO: Es un acto de fe total. Pero es importante conocerse bien. Yo, sobre todo, sé dónde no hace falta música. Es algo intuitivo. Lo sientes. Y el músico puede estar de acuerdo o no.

IR: ¿Trabajas con músicas preexistentes como inspiración a la hora de escribir el guion, ensayar con actrices y actores o darle al compositor la primera noción de la película?

PO: Mucho. Yo le decía a Bernaola «esto tiene que sonar así...», incluso con referencias explícitas. Había veces que cuando ya había grabado le decía, «Carmelo, en esta música has copiado un barroco» y Bernaola me contestaba... «claro, pero es porque me lo has sugerido tú» (risas). Yo siempre he apostado por una música de calidad. Es que yo creo que es esencial.

Y tiene mucho que ver con el músico con el que estés tratando. No le puedes pedir a alguien que hace música ligera que te escriba una sinfonía y viceversa. Luego está lo que dices, las modas influyen mucho. Y si el cine español ya ha sido tradicionalmente pobre, pues… Yo soy muy clásico en la música.

IR: ¿Te gusta incorporar al músico en rodaje para que elabore algo previamente o esperas a que la película esté acabada? Por ejemplo Ennio Morricone grababa previamente en las películas de Sergio Leone.

PO: No. Nunca me ha apetecido. Yo prefiero ver la imagen. Y ver qué necesita.

IR: ¿Has trabajado de forma diferente con distintos compositores?

PO: Siempre he trabajado de la misma manera. La comunicación es muy importante. Yo siempre me he sentado con la gente que he colaborado y hemos marcado las pautas de trabajo. Hay que probar cosas. Lo que pasa es que mi colaboración con Bernaola fue muy duradera en el tiempo y sabíamos qué esperar el uno del otro. Por eso los equipos estables son tan importantes a la hora de hacer una película.

IR: Cambiando de tema, ¿participas en los últimos procesos de la película? Créditos, dónde deben ir, cómo, etc. ¿Te gusta estar presente en todo momento o delegas completamente ese trabajo? Esto es extensible para la promoción…

PO: Yo quiero saber cómo va a ser todo eso, pero lo dejo hacer. Luego lo veo y decido si vale o no vale.

IR: Los títulos de crédito de los años 60 y 70 en España eran un ejemplo de talento y artesanía. Ahí está Pablo Núñez, que fue uno de los pioneros y el creador más importante de títulos de crédito en el cine español, por esas fechas tiene títulos maravillosos, como los de *El espíritu de la colmena*… Años después, junto a Daniel Gil hizo maravillas como en *Los días del pasado* y *Los Santos Inocentes*. Núñez está también presente en los créditos de *Tormento*.

PO: La idea del fundido de imagen ilustrada a imagen en movimiento, de los créditos de *Tormento* era buena. Ahora no recuerdo de quién fue… pero se repite en bastantes películas clásicas.

IR: Una vez acabada la película llega el momento de la promoción, ¿te gusta implicarte o es una labor de la que te desprenderías con gusto trabajando simplemente en la realización de cada película, como en una fábrica?

PO: Pues me cuesta mucho pero debo hacerla. Y tal y como está la industria... procuro que no me vuelvan loco, que no me hagan muchas entrevistas y esas cosas, porque es terrible. Pasa factura, y más a mi edad.

IR: ¿Preparas un discurso que defender durante la campaña o tiendes a improvisar y te dejas llevar?

PO: Siempre intento pactarlo con el productor. Yo nunca he tenido problemas. Y los podría haber tenido, por ejemplo con Frade, porque eran películas de un componente ideológico progresista. Pero, por otra parte, casi siempre he hecho lo que me ha dado la gana (risas). He tenido muy buena relación con los productores. También trabajé con Andrés Vicente Gómez. Tuve un desencuentro importante con Emiliano Piedra, que me ofreció hacer *La regenta* y que finalmente la hizo Gonzalo Suárez, quien poco antes de que yo firmara, me recomendó no aceptarlo (risas). Pero, bueno, así son las cosas. Para esa película escribí un guion con Juan Antonio Porto... Gonzalo tuvo un error de reparto tremendo con Emma Penella que, a mi juicio, estaba demasiado mayor para el papel. La protagonista tenía que haber sido Charo López, con ese rostro a lo Ava Gardner... Pero ya es agua pasada. Era la época de *No es bueno que el hombre esté solo*.

IR: ¿Has pensado alguna vez en las similitudes de *No es bueno que el hombre esté solo* con *Tamaño natural*, de tu maestro Berlanga?

PO: De hecho lo llamé antes de empezar a trabajar en ella porque me enteré de que andaba preparando algo similar. Pero me dijo que mi película no tenía nada que ver con lo que estaba haciendo.

IR: Ahora que has citado a las y los productores, ¿cómo has trabajado con ellos cuando te han encargado un trabajo?

PO: He tenido la suerte de trabajar de forma muy sencilla, siempre. Firmas y empiezas la labor. El productor o productora tiene que saber qué produce, pero un buen profesional sabe coger distancia y dejar hacer a sus equipos. Ya hemos hablado sobre el caso opuesto de Querejeta, que estaba siempre muy encima del director. Yo siempre he querido trabajar con libertad, pero he sido muy respetuoso con la gente que me ha contratado.

IR: ¿Crees que hoy en día es posible la figura del productor creativo? Thalberg, Zanuck, Puttnam, o Querejeta en España... Algunos/as directore/as dicen estar algo desconcertados/as al no saber muchas veces quien es tu productor/a.

PO: Yo afortunadamente ya no voy a conocer eso. Creo que me he librado de una buena (risas). Y he estado a punto de hacer una serie hace poco... Pero no me merece la pena. Seguramente habría mandado a tomar viento a mucha gente (risas de nuevo). Da vértigo y, una vez más, me alegro de que no me haya tocado. Me he enfrentado a muchas cosas en mi vida, y algunas muy jodidas... Lo que pasa es que ahora tienes la sensación de que no hay nada claro. Lo que ahora vale, de pronto ya no vale, y así sucesivamente. Genera mucha frustración.

IR: Hablando de la crítica y volviendo al inicio, algo que se achaca a la prensa generalista (la influyente, en definitiva), es que normalmente hace reseñas demasiado superficiales, basadas en el aspecto argumental de las películas, sin entrar a desgranar otros aspectos. En una palabra, quedándose en el «vale» o «no vale» y sin entrar a desarrollar claves que den una lectura más analítica de la obra. Para muchos no deja de ser un brazo manipulador del medio de turno. ¿Cuál debería ser el papel de la crítica?

PO: No sabría decirte, es complejo. No deja de ser otro plano de cómo funciona la sociedad, con lo cual, es imposible escapar de ciertas convenciones... Ahora todo parece que es «malísimo» o «una obra maestra». La forma de contemplar o valorar el cine que se ha impuesto parece bastante discutible. Se necesitan titulares. Generalmente se tiende a lo positivo porque hay que vender... Al principio yo no tuve buenas críticas. Y, curiosamente, con el paso del tiempo, de hecho, cuanto más tiempo pasa, más se han revalorizado esas películas. No es que conserve críticas, a mí me dan igual. Hombre, fastidia que no sean buenas cuando son de medios importantes como *El País*, que condicionan a una gran parte del público. Por lo demás, cuando leo libros que han publicado sobre mí me parece todo bastante increíble. Efectivamente, lo más gracioso de todo es que algunos de los que me ponían a parir al principio, con los años han reculado y les parezco justo lo contrario (risas). Me lo tomo con humor.

IR: En general, has llevado una carrera muy activa, ¿has tenido un agente o representante que te gestionara el trabajo?

PO: Nunca, qué va. Yo he tenido mucha suerte porque me han llamado para hacer películas. Y, mientras, he rodado otras con mi propia productora. Suena raro decirlo así pero, probablemente, me llamaban porque me hacía valer.

IR: Con los nuevos formatos narrativos actuales existe una gran confrontación entre cine *vs* series de plataformas... Tú ya viviste una época muy interesante de la ficción en la televisión… *La huella del crimen*, por ejemplo, *La leyenda del cura de Bargota*… Camus también la vivió con *Fortunata y Jacinta*, *La forja de un rebelde*, *Los camioneros* o *Curro Jiménez*. ¿Había una forma de abordar el material, previo a esta era –narrativa y profesionalmente hablando–, que ya no existe?

PO: Yo lo abordaba igual. El capítulo de *La huella del crimen* que citas, por ejemplo, que se llamaba *El caso de las envenenadas de Valencia*, lo filmé como si fuera una película para salas. Por cierto, el verdugo del caso real fue el que inspiró *El verdugo* de Berlanga. En esa película me cabreé con Pedro Costa, el productor, porque me racaneó mucho. Como era para televisión la película se hizo en 16mm. Pero ahora la veo y me parece estupenda. Tiene una historia muy buena… Lo que ocurre ahora es que la ficción actual tiene otras prioridades. Lo que ahora importa es el impacto, y no tanto la historia.

IR: Hablando de generaciones. ¿Ves un cambio generacional a nivel estilístico y en la forma de asimilar la imagen?

PO: Sí (rotundo). Si yo ahora firmara un contrato con una plataforma, tendría que empezar de cero. Quizá me rodearía de un equipo maravilloso y me fiaría mucho de ellos, que es algo que he hecho en varios momentos de mi carrera. Al final esto es un oficio colectivo. Es que, ahora, hasta los vídeos que haces con el móvil son como micro-relatos que se divulgan en redes al instante. Ahora todo avanza a una velocidad demasiado rápida. Quizá hemos perdido el control.

IR: Reina el algoritmo de los vídeos, que se concatenan una y otra vez en las pantallas. Uno se pregunta cómo se puede gestionar todo eso.

¿Cómo elaborar una capacidad de criterio en futuros espectadores teniendo en cuenta que lo único que se hace es consumir material exclusivamente para entretener?

PO: Esa es una buena pregunta (risas). Ante todo yo soy un hombre de sala de cine. Soy de los pocos cineastas veteranos que va asiduamente a salas. Es que yo voy mucho al cine. Ver películas en el móvil me parece espantoso. El cine en pantalla grande es algo mágico, y esa magia no la tienes si ves la película en casa, por muy grande que sea tu tele, y la mía es enorme, señala. El cine es grande porque se ve a oscuras y en una gran pantalla. Es una experiencia única. Eso sí, la calidad artística de la película es otra cosa. Yo veo una al año que me puede encantar y tres o cuatro que me gustan. Hacer una película es casi un milagro. Parece algo casi absurdo que la gran mayoría se rueden para ser vistas en un móvil, con todo el esfuerzo que lleva detrás. Ahí hay un debate interesante.

IR: ¿Qué opinas del bajo nivel cultural y también de cinefilia que rige en la actualidad?

PO: Es lamentable... Es que el bagaje cultural no es que sea necesario, es fundamental. Tiene que venir desde la enseñanza. El abandono de las humanidades es algo incomprensible.

IR: Pedro, hablando de tecnología... ¿cómo te adaptaste a la transición del celuloide al digital?

PO: Fue con *La conspiración*, que era una película para televisión (TVE). Una decisión lógica. Yo me adapté con naturalidad. En la práctica fue casi lo mismo, al menos en mi experiencia. Ahora, si me preguntas qué sistema prefiero... creo que es bueno adaptarse a los tiempos, es que no queda otra opción. Si el proyecto lo requiere, se dan las circunstancias y hay medios, se puede volver a rodar en cine.

IR: Ahora que citas los tiempos actuales, ¿qué opinas sobre los poderes que rigen la sociedad? (corrientes dominantes, tendencias temáticas...). ¿Te guías por intereses personales o por lo que dicta la sociedad a la hora de emprender un proyecto?

PO: Yo siempre me he guiado sobre la marcha. Puede tener mucho que ver con cómo percibes tú mismo tu entorno en ese momento. Pero generalmente siempre he tenido un punto de partida propio basado en mi parecer, no excluyente. Piensas que un tema que está presente en la sociedad puede ser un filón para una película y te lanzas. Te tiene que interesar, claro. Por lo demás, si me ofrecen una película tengo que pensar si me interesa y me la creo. Y, en cualquiera de los casos, lo comento con mucha gente. Racionalizo bastante ese momento del proceso.

IR: Estamos acabando, pero antes tengo que plantearte una pregunta obligatoria... ¿Qué crees que deparará el futuro en el audiovisual con la llegada de la inteligencia artificial (IA)?

PO: Yo lo veo de forma muy pesimista, no veo nada más que problemas. Los actores y actrices, una vez más, quedan muy perjudicados con todo eso de los derechos de imagen. Es terrible cómo a partir de una serie de patrones crean un personaje completo, aunque esté muerto. Da mucho miedo.

IR: ¿Cómo crees que han envejecido o envejecerán tus películas?

PO: Yo he llegado a criticar mucho mis películas. Pero llegó un momento en que decidí no hacerlo. Son mis criaturas y todas están bien como están, aunque veo problemas en todas ellas, claro. Pero no voy a entrar en ello. Creo que, afortunadamente, todas se mantienen bastante bien, según me dice la gente. Tampoco las veo, salvo que sea por un motivo en concreto... una presentación, algún homenaje... Figúrate, películas que tienen 50 o 60 años encima... Y me atrevería a decir que no han quedado nada viejas. Creo que he tenido una carrera estupenda y me lo he pasado muy bien.

IR: ¿Cual dirías que es tu mejor película?

PO: No hay una que sea radicalmente buena respecto a las demás. En su momento odié *La casa sin fronteras*, porque me la destrozaron. Acabé fatal, tuve que cerrar la productora y empezar a trabajar por encargo y no fue fácil. Pero ahora, la he redescubierto y me parece que es un trabajo estupendo. Quizá un poco lenta. Le daría más caña. No hace falta que un protagonista entre en cuadro y salga del cuadro. Cambiaría el montaje. De hecho cambiaría el montaje de todas. Pero me quedaría con *La casa sin fronteras* como descubrimiento reciente, *El bosque del lobo* me sigue pareciendo que está muy bien, *Un hombre llamado Flor de Otoño*, también es estupenda... y *El maestro de esgrima* tampoco está mal.

IR: Son cuatro...

PO: Si. Pero mencionar una sola es imposible...

IR: Como hemos comentado antes, la depuración estilística que haces en las tres películas de época con Frade podrían conformar una sola.

PO: Están muy bien, sí. Fue una época muy feliz y fecunda. Es que, de hecho, durante el rodaje de *Pim, pam, pum... ¡fuego!* la llamábamos Tormento II y a *Un hombre llamado Flor de Otoño* Tormento III (risas).

IR: Curiosamente, tu colaboración con Frade se cierra con una escena muy significativa en *Un hombre llamado Flor de Otoño*, que es una despedida. Tiene un aire a *Fatalidad* (*Dishonored*) de Josef Von Sternberg, como si Sacristán fuera una suerte de Dietrich, con ese pintalabios...

PO: Eso estaba en la pieza original y era una de las cosas que me encantaban.

IR: ¿Cuál crees que es, aunque no sea la mejor, la película que mejor te representa...?

PO: Pues repetiría y me quedaría con *El bosque del lobo*... que, por otra parte, no tiene mucho de mí pero la siento muy mía. Es raro, tiene mucho de Juan Antonio Porto, pero también lo tienen *La casa sin fronteras* y *La Corea*.

IR: ¿Y de la que menos orgulloso te sientes?

PO: Uf, varias (risas). *La Corea* es una de ellas. La de *Juan y Junior... en un mundo diferente*. Y seguro que alguna otra más también. *Akelarre* tiene muchas cosas mejorables. Tampoco estoy muy orgulloso de *Bandera negra*; además, a partir de ahí tuve problemas con las instituciones vascas y me fui de nuevo a Madrid a hacer cine. Por cierto, hablando de Juan y Junior, en la preparación de aquel rodaje conocí a Buñuel. Apareció en la Plaza de Santiago de Compostela pidiéndonos unas tomas del sonido de las campanas de la catedral para su recién acabado rodaje de *La Vía Láctea*. Se lo dimos y se ofreció a salir en nuestra película. Yo le dije que por su propio bien no saliese en esa, pero que si esperaba un poco, tenía un proyecto para el año siguiente, que era *El Bosque del Lobo* y que en esa sí lo aceptaría. Entonces recuerdo que él, con su humor habitual, me dijo... «Nunca me habían dicho que no para intervenir en una película de esa forma» (risas).

IR: Dime tres películas y tres cineastas.

PO: Me lo tendría que pensar mucho... Te nombraría una película de Hitchcock, otra de Berlanga y, quizá, otra de Rosellini. Pero no sabría escoger una película de cada uno. ¡Son tantas!...

IR: Antes de acabar, recuperemos el texto de Santos Zunzunegui que dio cierre al ensayo que dedicó a *Pim, pam, pum... ¡fuego!*. Dice así... «Lejos, pues, de toda distinción metafísica sobre la vinculación entre autor y estilo, quisiera concluir con una ecuación que quiero pensar no desagradará demasiado a Pedro Olea, un cineasta que ha reivindicado siempre la dimensión artesanal de su trabajo... el estilo se confunde con el ser mismo de toda obra que se quiere artística».

PO: ¿Y esto es del año...?

IR: *Paisajes de la forma* se publicó en 1994.

PO: Fíjate, 20 años después del estreno de la película, con lo cual es lo que te digo, conviene tomarse las cosas con bastante relatividad, porque *Pim, pam, pum... ¡fuego!* fue medianamente bien recibida pero no desde luego con estas palabras. Y, te digo lo mismo, muchos de los que al principio no me hacían mucho caso me lo han hecho después.

IR: El tiempo pone las cosas en su lugar, o eso se dice.

PO: (Risas). Vamos a pensar que es así.

Imanol URIBE

(San Salvador, 1950)

Imanol Rayo: Pedro Olea y tú pertenecéis a distintas promociones de la EOC. Olea estudia en los albores de los años 60 y tú en los 70. De hecho, la tuya es la última hornada, con profesoras como Pilar Miró. Y todos los estudiantes, aun siendo de distintas generaciones, accedéis ya al oficio con una conciencia cinéfila, un poco en las antípodas del modelo tradicional americano que impera hasta los años 50 –y del que vosotros bebéis como espectadores–, en el que los directores trabajan en serie, como en una fábrica, sin contemplar en absoluto lo que ocurre a su alrededor. Si la generación de Olea está asociada al llamado «Nuevo Cine Español», la tuya está inequívocamente ligada a la transición española, con todo lo que ello conlleva desde un punto de vista político y social. ¿Con qué inquietudes te acercas al oficio de dirigir cine? ¿Cómo vives toda esa época?

Imanol Uribe: Sí..., como dices, pertenecí a la última promoción de la EOC, una escuela que, con los años, se ha convertido casi en mítica. Los estudios de cine, junto a los de periodismo, serían universitarios en el futuro, por lo que estaban destinados a cursarse en una Facultad. Yo viví los últimos años de la Escuela. Fui un alumno privilegiado que tuvo la oportunidad de utilizar unos medios que estaban solo al alcance de los profesionales. Me acuerdo del plató perfectamente equipado, del conjunto de cámaras, de las salas de montaje, de la gran sala de proyección... y tenías unas facilidades tremendas para rodar. Yo, al mes o mes y medio de entrar, ya estaba rodando un cortometraje en la calle con una grúa y esas enormes cámaras con *blimp* y demás. En ese sentido la escuela de cine fue muy interesante. Sobre todo por la práctica. Hasta entrar nosotros, digamos que había un movimiento más intelectual que cambió con Pilar Miró. Pilar fue profesora nuestra y decía que... «más adelante os plantearéis el universo y haréis el cine que queráis, pero primero tenéis que aprender a contarlo». Es decir, que saber escribir un guion, coger una cámara y empezar a conocer las dificultades de un rodaje era algo más importante que teorizar sobre cine. Era muy práctica en ese sentido. Es que, además, se suponía que los que habíamos accedido a la Escuela ya nos habíamos formulado las preguntas esenciales de lo que queríamos hacer a través del cine. Yo creo que fue, digamos, una buena preparación técnica. De pronto hacíamos un cine de artesano, en el buen sentido de la palabra.

IR: Pilar Miró apreciaba mucho el género. También la figura del artesano del cine americano.

IU: Estaba obsesionada con las películas de género y organizó unas prácticas en las que teníamos que ir saltando de una categoría a otra. En segundo curso, yo rodé un wéstern y una película de terror. O sea que, era fundamental el conocimiento del lenguaje. El lenguaje clásico, claro… y eso te marca. Por otra parte, salí de la Escuela sin sospechar que años más tarde iba a aterrizar en Euskadi y a participar activamente en el nacimiento del cine vasco. Al finalizar los estudios Fernando Colomo, Miguel Ángel Díez y yo, que éramos compañeros, montamos una productora –Zeppo Films–, para hacer cortometrajes. Yo me hice productor y luego acabé dirigiendo. Yo vivía entonces en Madrid y mi primer contacto con Euskadi fue un documental antinuclear que se titulaba *Ez*, sobre la central de Lemoiz. Y eso lo rodamos en unas navidades, estando de visita en casa de mi abuela, en Sukarrieta, con Javier Aguirresarobe. Javi y yo, además de amigos éramos compañeros de piso. Más adelante me propusieron codirigir una película con Javier Maqua, también amigo mío, pero que finalmente, tras casi un año de trabajo, no salió adelante. Unos años tras los que me di cuenta «de» que si quería hacer cine me tenía que sacar las castañas del fuego yo mismo. Y surgió la idea de hacer el documental *El proceso de Burgos*, en cooperativa, a partir de un libro que publicó la editorial Hordago en Donostia. Y la cosa «pitó». Y eso desencadenó que al siguiente año, en el Festival de Cine de Donostia, apareciese Ángel Amigo con su proyecto sobre la fuga de Segovia, en la que él mismo había participado. Yo me animé a dirigirlo e intenté buscar producción en Madrid pero todo el mundo salía huyendo. Y entonces fue el propio Ángel quien se metió a producirla.

IR: La fuga de Segovia marcó una época. Es la perfecta hija de su tiempo, en cuanto a contexto sociopolítico.

IU: Fue mi primera película de ficción y tuvo un arranque excepcional en cuanto a medios. La rodamos en catorce semanas, que se dice pronto.

Entre otras cosas, porque la película duraba tres horas y media. Al final la tuve que dejar en dos horas y más tarde se hizo una serie. Fíjate, ahora parece imposible. Quiere ser una película de género y en parte lo es. Nos inspiramos, entre otras, en *La fuga de Alcatraz* (*Escape from Alcatraz*) de Don Siegel. La historia de la huida de la cárcel permitía ese tono. Sin embargo, la obsesión por respetar todos los detalles de esa aventura hizo que la película se quedara a medio camino entre el documental y la ficción.

IR: La parte de la entrevista frena el ritmo de lo que podría ser una buena película de género.

IU: Se rodó posteriormente y fue un compromiso al que tuve que llegar. Yo también creo que rompe el ritmo.

IR: El lenguaje del cine tradicional y popular tiene el formato de la novela del siglo XIX, es un equivalente audiovisual de lo literario, y hoy más que nunca con el dominio de las plataformas y sus series y películas de consumo. Me gustaría que me dijeras qué es el cine para ti. ¿Un medio de exploración de formas, un medio para contar historias, o un equilibrio de ambos, forma y fondo?

IU: Yo creo que cabe todo. Tenemos desde el cine más innovador y experimental hasta el cine de consumo más barato. Lo primero que uno hace cuando tiene que afrontar su futuro es escoger un camino. Yo me dejo llevar bastante por la intuición y también por la vida. Y soy bastante aventurero. Me gusta probar cosas que no he hecho antes y asumir riesgos que no he tomado. Y, en ese sentido, he identificado totalmente mi profesión o vocación con mi vida. De hecho, desde que salí de la escuela de cine hasta ahora no he trabajado en otra cosa. Me he dejado llevar mucho. Y nunca me he marcado líneas muy rígidas acerca de lo que quería hacer sino que me he dejado guiar por la intuición. Y hay veces que me dejo llevar por un camino que no va a ningún lado y me pego una hostia terrible, pero es parte del juego y siempre es una experiencia de la que aprendes…

IR: ¿Crees que cada película es obligatoriamente hija de su tiempo? ¿Muestra los intereses o preocupaciones de los creadores de ese periodo?

IU: Sí… En mi caso concreto, el cine que yo hago está completamente vinculado a mi época. O, en cualquier caso, motivado por algo relacionado con ella. Por ejemplo, *El rey pasmado*, que es lo más alejado que he hecho de mi tiempo, se produjo totalmente guiado por las circunstancias. Teníamos un remanente de dinero de la película *La muerte de Mikel* acumulado en el ministerio, a punto de prescribir, y que había que invertir. De no hacerlo, se perdía. Lo que a mí me ocurre frecuentemente es que, entre una película y la siguiente, paso mucho tiempo buscando qué hacer. Y en ese caso cayó fortuitamente en mis manos el libro de Gonzalo Torrente Ballester y me quedé fascinado por la escena de la inquisición, que yo creo que enganchaba perfectamente con la España que todavía se vivía en el momento en que se publicó.

IR: ¿Una película es útil únicamente en el momento en el que sale a la luz o perdura en el futuro?

IU: Con la experiencia que te da el paso de los años, pienso que las películas se quedan ahí, de cara al futuro. De pronto adquieren valores que no tenían en su momento. La verdad es que yo no soy muy dado a ver las cosas que he realizado… Pero creo que tiene un valor especial el hecho de que las películas queden como cápsulas del tiempo en que se hicieron y que trasmitan una lectura de su época.

IR: A muchos directores les aterra volver a enfrentarse a sus películas de cara a hipotéticos coloquios, programas de televisión, etc.

IU: Claro, claro, yo lo he tenido que hacer cuando tienes algún homenaje o cosas así… y ya casi ni te acuerdas de lo que ocurría en la película. De pronto te ves a ti mismo poniéndote al día, repasando documentos de la época… (risas).

IR: Háblame de tus influencias (cinéfilas o no, ya sean estéticas, artísticas, sociales…).

IU: En mis principios, era muy dado a ver muchísimo cine y a leer mucho. Y de todo eso creo que lo que más me ha influenciado es el cine americano. Estas son las contribuciones que yo detecto, porque muchas otras las permeabilizas y no te das cuenta de dónde vienen.

IR: Es algo que se evidencia en tu cine, sobre todo en la forma. Ese estilo directo y transparente, cartesiano también.

IU: Para ser más exactos yo creo que lo que más me ha influenciado, sobre todo, es el wéstern. Y en la literatura, el género negro. Y también en el cine. Siempre me ha encantado el cine negro… E igualmente la novela fantástica, aunque por el motivo que sea, a la hora de hacer cine es algo en lo que no me veo.

IR: Se dice que existen dos tipos de estilo, y que uno es forzado, de pose, y el otro verdadero, que surge sin pretenderse. ¿Qué opinas? ¿Has pensado alguna vez en el estilo de tus películas?

IU: Yo no lo busco. Pero me parece bien un estilo pretendido en el cine. Hay películas en las que te fijas cómo está rodada una secuencia y la identificas automáticamente: «esto es de tal director». Y me parece estupendo. Por ejemplo, reconoces en seguida una película de Almodóvar. A mí me pasa una cosa muy curiosa... Esa influencia del cine de estilo transparente americano, que tú comentas, me ha calado tan hondo que ahora mismo leo un guion y solo lo veo realizable de una única manera. Es decir, puede no ser siempre la misma, dependiendo del proyecto, pero cuando lo leo lo visualizo automáticamente de una manera determinada y ya no lo veo de otra forma. En cualquier caso no es una cosa que me preocupe en ningún momento. Yo he entendido siempre el cine como una aventura personal y también profesional, por supuesto. Pero teniendo en mente a aquellos directores que rodaban como artesanos... directores que vivían de su trabajo, que hacían su cometido lo mejor posible y disfrutaban de ello.

IR: Hay muchas preguntas que os voy repitiendo a cada uno de los entrevistados al tratarse de temas fundamentales, esta entre ellas... Spielberg decía a sus alumnos que olvidaran el concepto de autoría, que no se preocuparan por ser artistas y aceptaran cualquier trabajo que les propusieran, que el tiempo diría si llegarían a serlo o no. Que, al fin y al cabo, nuestra personalidad se manifiesta en cada acto que realizamos, la gran mayoría de ellos de forma inconsciente. En una palabra, que todo lo que haces habla irremediablemente de ti sin que puedas evitarlo. También hay otra frase muy célebre del psicólogo y filósofo Rudolf Arnheim que viene al hilo del comentario anterior: «La buena forma es la que no se nota». ¿Cuánto crees que tiene un director, o cineasta, de oficio aprendido y cuanto de «genio»? ¿Se puede disociar realmente a los genios y artesanos como se ha hecho históricamente?

IU: Yo creo que la línea de separación es más difusa de lo que se piensa, salvo ejemplos clarísimos, como los es Mozart en la música, por ejemplo... De pronto hay gente con un potencial tan extraordinario que son inclasificables.

IR: Mozart es el mayor exponente del clasicismo en la música, aunque él no fuera consciente de esa clasificación. Lo que sí está claro es que era un hombre de su época.

IU: Eso desde luego. A mí me parece que el cine como oficio es una mezcla de los dos elementos que citas. Necesitas el oficio y necesitas el talento. Por un lado hay un trabajo artesanal, pero a mí me parece capital el trabajo en equipo, es una labor colectiva. Yo no concibo el cine como... «mi película».

IR: En cambio, el individualismo reina cada vez más.

IU: Totalmente... Pero es que el cine es como la arquitectura y otros muchos ámbitos. Necesitas de un equipo. De hecho yo procuro que siempre sea el mismo, porque todos nos conocemos y sabemos en qué dirección navegar. Y les doy libertad para participar en el proyecto. Y cuanto más se implican, mejor. Es parte de la magia del cine.

IR: ¿Toda película gira necesariamente en torno a un tema? ¿Toda película contiene un mensaje? ¿Quizá es un medio para generar preguntas?...

IU: Depende... yo he hecho un poco de ambas cosas. Regularmente no tienes un mensaje pensado. Lo que sí ocurre es que te asocias a un tema y te pasas dos o tres años conviviendo con ello mientras realizas la película. Así empecé yo cuando rodé mis primeras cintas en Euskadi. Eran temas que como cineasta me interesaban. Y al ir allí se me abrían los ojos.

IR: Eran temas vibrantes en ese momento... la identidad vasca, ETA, la izquierda abertzale...

IU: Exacto. Y, bueno, luego está el azar. Te llaman para ofrecerte un proyecto. Ahí es muy importante la elección. Porque entre un proyecto y otro hay otras dos o tres películas que, por la razón que sea, no has podido realizar y en las que, además, trabajas mucho tiempo. Yo, particularmente he estado enfrascado en algún proyecto durante dos años, para acabar desechándolo voluntariamente. En ocasiones no lo ves, no te convence, o estás en otro momento de tu vida... Ese tipo de decisiones son importantes. Vas a invertir tres años de tu vida y según cómo se desarrollan puedes acabar mal.

IR: Y, en muchos casos, aún son más años...

IU: Sí, claro, por supuesto... Me acuerdo de estar hablando con José Luis Borau de esto precisamente. Le decía que, entre película y película, a lo mejor se me caían dos o tres proyectos. Y él me contestaba... «En mi caso son nueve» (risas). Yo, entre *Llegaron de noche* y *La sospecha de Sofía* he estado trabajando en dos proyectos. Y en uno un largo tiempo... Algunos al final se desinflan.

IR: ¿Cómo te aproximas a tus proyectos? ¿Desde el tema o desde el argumento? ¿El aspecto que va a tener?

IU: A veces es una imagen… Una vez más, depende de muchos factores. Yo he hecho bastantes adaptaciones, algunas muy fieles y otras muy libres. En ocasiones, sí que he tenido una imagen clara del inicio para una película. Pero lo que ocurre es que esa imagen se va transformando. Eso me ha pasado mucho. Y más en el pasado, porque ahora tomar una decisión inesperada en un rodaje es mover una cámara acorazada. Antes, los equipos eran mucho más reducidos, ahora son mucho más numerosos. *La muerte de Mikel*, por ejemplo, es una película que fue cambiando, modificando, adaptándose a las circunstancias. Escribía las secuencias por la noche, bajaba a maquillaje por la mañana y todo el mundo se quería cagar en mi padre, pero me lo permitía porque rodamos toda la película en Lekeitio, un pueblo en el que estaba todo a mano. Si teníamos previsto rodar en un sitio por la mañana, no pasaba nada si lo cambiabas a otro… Esa película se hizo totalmente sobre la marcha. Y es que ya de origen fue un proyecto que fue evolucionando. La historia de la que partía era completamente distinta. La idea surgió mientras yo estaba en Madrid, montando *La fuga de Segovia*. Coincidió que llevé a una chica de Donostia a su casa y me contó una historia sobre su expareja, un yonqui que era de Herri Batasuna y que lo tenían apartado en el partido por drogadicto. Lo citaron para algo en comisaría y a su salida murió. Y ocurrió que Herri Batasuna lo reivindicó como mártir. Es decir, reivindicaron como mártir al mismo tío que despreciaron por yonqui. Me pareció un punto de partida estupendo para una película. Y esa conversación fue el origen de la misma. Me decía a mí mismo… «qué fuerte el uso político de este tío en el contexto de Euskadi…». Luego le di una vuelta y lo transformé en homosexual.

IR: El de la homosexualidad era todavía un tema bastante tabú por entonces, lo hablaba con el propio Pedro Olea. Pero por otra parte la transición era un caldo de cultivo positivo para ello. Mi sensación es que ese cambio fue un acierto. También opinaba así Javier Aguirresarobe, socio tuyo en Aiete Films.

IU: Yo también creo que fue un acierto.

IR: ¿Cuánto tiempo le dedicas a la escritura de un guion desde la primera idea hasta la versión de rodaje?

IU: Hombre, un guion, aunque sea de otro guionista, al final lo acabas reescribiendo, lo tienes que hacer tuyo. Hay veces que me ha tocado escribirlo a mí solo, pero cada vez lo voy haciendo menos porque me cuesta muchísimo. Tengo imaginación pero a la hora de escribir soy muy lento. Está claro que no he sido llamado por el camino de la escritura, por eso hago cine. Pero ha habido guiones que los he escrito yo de principio a fin, por ejemplo *La muerte de Mikel, Días contados…*

IR: Llama la atención tu afirmación porque para mí, que he leído la versión facsímil de *Días contados*, es un texto francamente bien escrito. De hecho, el propio estilo de guion, seco, directo, da una idea muy fiel de lo que luego ves en la película.

IU: Pero me cuesta mucho. *Días contados* se basa en una parte del libro de Juan Madrid, la de los personajes femeninos, las yonquis. La otra parte me interesaba menos. No sabía cómo darle la vuelta hasta que una noche me asaltó la idea al despertarme de un sueño. A mí me atraía mucho la idea de la Carmen yonqui, como en la novela de Juan Madrid. Viendo *Carmen*, de Prosper Mérimée, fui consciente de que el protagonista masculino, José Lizarrabengoa, era un militar. Y esa fue la clave. Llevado a la actualidad, el protagonista de *Días contados* también debería ser un militar, en este caso de ETA.

IR: Otro tabú, esta vez en los 90…

IU: Que trajo mucha polémica. Porque pretendes mostrar a un asesino como ser humano. Yo creo que estuve un año y pico escribiendo el guion, torturado. Porque me autoexigía mucho. Me iba al Parador de Sigüenza a escribir. Alguna vez también a Oropesa. Era una forma de autoexigirme. Porque no tenía un duro y el contador iba sumando cada día que pasaba. Me podía pasar los primeros dos días mirando por la ventana hasta que de pronto vomitaba todo. Y, bueno, de todo eso igual me servía solo una parte. Porque, desgraciadamente, yo no soy de los que realiza una escaleta previa y sabe dónde empieza y dónde acaba la historia. Voy guiándome por las circunstancias. Yo necesito empezar y que los propios personajes me vayan guiando.

IR: Aquella costumbre de Jean Claude Carrière y de Luis Buñuel de escribir en los Paradores sigue en pie…

IU: (Risas). En mi caso, sí. Y también en películas puntuales en las que he tenido que trabajar el guion. Es difícil trabajar con un guionista que te entienda y, sobre todo, que te aguante,.

IR: Por lo demás, ¿eres disciplinado en la labor cotidiana, dedicas diariamente una serie de horas e igual franja horaria a la escritura?

IU: Soy muy anárquico. Soy incapaz de ser metódico y levantarme y ponerme a escribir. Por ejemplo, conozco mucho a Arturo Pérez Reverte y me contaba que bajaba al sótano de su casa a escribir de siete de la mañana a dos de la tarde. Todos los días del año. Yo soy incapaz de hacerlo. Hay días que me siento ante el folio en blanco y no hago nada. Lo que sí puedo hacer es lo que hice en *La sospecha de Sofía*, un encargo para dirigir. Me llegó el guion y me pareció una historia apetecible. Le di una vuelta a la historia con la guionista y después otra, ya sin ella. La guionista defiende tanto su parcela que no me deja seguir, entonces tengo que despegarme de ella y hacer un poco mía la película. No puedes rodar una película sin haberla hecho tuya, eso es terrorífico. Porque tú tienes que ser el que más sabe sobre la misma, ser capaz de responder a todas las preguntas y tener el mapa del tesoro.

IR: Al trabajar en colaboración, ¿cómo lo haces? O, ¿quién hace qué? ¿Te gusta trabajar presencialmente con el otro guionista o hacerlo a distancia mediante intercambio de material?

IU: A distancia. Presencialmente no. Solo lo intenté una vez con Juan Madrid en *Días contados*, que se empeñó en que quería escribirlo conmigo. Pero al cabo de dos horas ya se veía que aquello era inviable. Juan se aferraba mucho a su material y chocábamos. Él, además, quería introducirse en el mundo del cine. De hecho luego ha dirigido alguna película.

IR: Cuando has comentado que siempre que has escrito los guiones ha sido por las circunstancias, he recordado una frase de Fernando Colomo que va un poco en la misma línea… «Yo necesitaba un guionista, pero como no tenía dinero no podía permitirme ninguno y acababa escribiéndolo yo mismo».

IU: (Risas). Pues sí.

IR: ¿Cuántas versiones de guion haces habitualmente?

IU: Unas cinco, mínimo. Y luego están las que no cuentas, que son las que haces hasta que das con la primera versión «buena» o válida. Esas ni las cuentas. Pero una vez que se pone en marcha la película hago una reescritura después del casting, para adaptarlo a los personajes. Y como colofón, hago una nueva versión con las localizaciones.

IR: En los dos o tres años que puede costar levantar un proyecto te da tiempo a reescribir el material muchas veces. Es frustrante, sobre todo, en los casos en los que la película finalmente no sale adelante.

IU: Eso es terrible.

IR: Hay gente como los hermanos Coen que, una vez cierran el guion válido, lo filman tal cual. Parece una utopía, pero debe de ser cierto.

IU: Sí, el guion matemático...

IR: Sin embargo, la práctica de un rodaje muchas veces suele enseñarte lo contrario.

IU: Yo, por una parte, cuando leo algo o tengo una secuencia, la «veo». Eso es algo que siempre me ha dicho Teresa Font, la montadora. Fíjate, que la pandemia del COVID nos pilló en medio de *Llegaron de noche* y Teresa y yo no pudimos vernos en el montaje. Hasta las mezclas finales no nos vimos las caras. Ella me decía que al no tener muchas opciones de montaje a nivel de material las cosas son más sencillas y funcionan, y van rápidas a nivel de trabajo. Lo llama tener «habas contadas». Pero tiene su lado peligroso si no dominas bien el oficio.

IR: «Montar con la cámara», la máxima Fordiana por excelencia... Se dice que hay dos tipos de guion en cuanto a estructura... el de la trama y el de los personajes. ¿Crees que realmente es así? Y en ese caso, ¿por cuál te sueles decantar?

IU: Normalmente por el de la trama. Los personajes son fundamentales pero si tuviera que potenciar un aspecto u otro me decantaría por el de la trama.

IR: Quizá *Días contados* sea un ejemplo perfecto de lo que comentas. Es un thriller que avanza a golpe de trama en cuanto a género. Pero, si algo está claro es que lo que brilla en esa película es el elenco de personajes, sobre todo las chicas. Gracias a eso sigue siendo una película muy fresca y que apenas ha envejecido.

IU: Estoy de acuerdo, sí. Es que lo ideal es que los dos aspectos sean potentes.

IR: Como te decía antes, te voy a lanzar otra frase que también repito a los demás entrevistados. Howard Hawks decía que «si una historia no se puede contar directamente, sin *flashbacks*, es señal de que el guionista no es muy bueno». ¿Qué opinas?

IU: (Risas). Bueno, es una boutade, ¿no? Depende, pero sí que es cierto que en el cine clásico el lenguaje utilizaba muy pocos artificios...

IR: Claro, es que viene a cuento de esta otra afirmación que dice que «el movimiento se demuestra andando» o que «todo buen guion debe explicar los conflictos de los personajes mediante sus acciones». ¿Qué opinas sobre el «deus ex machina» o la presencia evidente del guionista en el texto? La estructura del «guion» de H. Mankiewicz en *Ciudadano Kane* (*Citizen Kane*)...

IU: Mi gusto, generalmente, está en lo comedido. Cuando notas mucho el artificio no es buena señal. En *La sospecha de Sofía* hay flashbacks hasta matar. Demasiados para mi gusto.

IR: También los hay, aunque menos, en *Llegaron de noche*. Y *La muerte de Mikel* también se construye sobre el funeral del Mikel.

IU: También, sí.

IR: Usas el modelo americano de guion literario, supongo. En Europa se empleaba mucho el de las dos columnas, de imagen y sonido.

IU: Yo siempre he usado el guion literario americano.

IR: Al tratar los géneros volvemos a la herencia literaria del cine. También hay cineastas que son género en sí mismos... Chaplin, Keaton, Murnau, Ford, Welles, Buñuel, Hitchcock, Bergman, Almodóvar...

¿Te sientes a gusto en los géneros preestablecidos o te sientes más libre en tu propia forma de ver las cosas?

IU: El género es una buena herramienta para contar historias pero, a veces, te saltas sus normas o haces lo contrario. Incluso puede que navegues entre dos categorías. Hice una película, *Plenilunio*, basada en la novela de Antonio Muñoz Molina y que, en realidad, son dos películas. Está la parte del asesino, que es género negro cercano al terror y luego está la parte de la historia de amor, romántica. De hecho, las rodamos como dos películas independientes.

IR: ¿Un guion es mejor si está narrado siempre que se pueda con imágenes y acciones? ¿O simplemente viene sujeto al tipo de historia que se va a contar?

Hitchcock decía que «Si es una buena película, podría irse el sonido y los espectadores aún tendrían una idea clara de lo que está pasando».

IU: Estoy más con Hitchcock, pero depende del material. Si tienes entre manos un proyecto literario con un peso importante es muy difícil darle la vuelta a eso. Depende.

IR: ¿Crees que existe cierta autocensura por temor a ofender ya desde el guion a la hora de empezar a construir un proyecto? ¿Te has visto envuelto en alguna situación parecida? ¿Hay una censura blanca, popular, de lo políticamente correcto?

IU: Bueno, lo primero que me ha venido a la cabeza es la autocensura económica. Esa no pasa de moda nunca. Siempre puedes idear una secuencia con doscientos caballos, pero conforme la estás imaginando estás automáticamente buscando una solución viable para poder realizarla. Y ese cambio, incluso puede llegar a ser bueno para la película.

IR: Antes decían que algunos censores debían de figurar en los créditos por sus aportaciones, ¿no?

IU: (Risas). Sí... El éxito de muchas películas se basa en saber dar la vuelta a las adversidades y mejorarlas. Ahora bien, de la censura popular, aparte de la política, sí que tuve un intento de manipulación y fue con *Plenilunio*. Pero me mantuve en mi sitio. Tanto la novela de Muñoz Molina como la película arrancan con la autopsia de una niña que acaban de matar. En la novela, el desencadenante, la esencia, es esa impresión que le causa la autopsia al inspector de policía. Ese horror. Y a mí me parecía que la película debía de arrancar con esa escena. La productora Sogecine –fuimos coproductores con ellos–, hizo un pase de prueba con personas de distintas edades y mucha gente rechazaba ese principio hasta el punto de irse de la sala. Y en Sogecine pensaron que había que eliminarla. Y, de hecho, es cierto que después, cuando se estrenó, hubo gente que se iba de la sala. Pero yo me negué. Les dije que podía negociar otras cosas pero para mí ese comienzo era el meollo de la película, el desencadenante de lo que pasa después.

IR: Por un parte era comprensible la actitud de los productores porque, volviendo a Hitchcock, este le decía a Truffaut que hay que tener cuidado en no iniciar demasiado alto una película porque después tienes que ser capaz de superar esa primera impresión. Si la primera imagen es demasiado potente todo lo que viene después está obligado a ser casi magistral. Por eso él abogaba más por el suspense, ir «construyendo» la película. En cualquier caso, lo que sí es cierto es que es fundamental que la primera imagen entre por los ojos al espectador y que, de alguna forma, dé una idea de lo que va a ser la película. Michel Gaztambide nos decía en sus clases que la primera imagen de un guion debía condensar la película.

IU: Claro, claro. Cuando yo también he dado clases es algo que he repetido una y otra vez. Sea la primera imagen o los primeros dos o tres minutos que acompañan a los créditos, tienen que guardar la idea de lo que viene. Te orientan de lo que va a acontecer.

IR: El constante cuestionamiento creativo es un mal al que lamentablemente te expones al hacer una película hoy en día. Ya desde el guion existe la figura del *script doctor*, que algunos toleran mejor que otros...

IU: Existe la opción de pasar el guion a gente conocida o de confianza. Pero hay productores que, efectivamente, buscan fuera la seguridad que ellos no tienen.

IR: Hablemos del famoso dilema «Una película de» *vs* «Dirigido por». ¿Quién es el autor de una película? ¿Todo el mundo aporta igualmente (la directora o director, es un simple encargado de obra) o hay un factor autoral que rige al resto y recala sus ideas en favor del resultado?

IU: Tal y como yo lo concibo, en la dirección de una película hay un factor autoral que, sin embargo, no puedes llevar a cabo tú solo. Un ejemplo que cito muchas veces y que lo he dicho antes también es que... «el director es el único que tiene la llave del "secreto"». Para bien y para mal. Pero necesita la ayuda de todos los demás. De todo el equipo; desde los jefes de departamento hasta el meritorio. El oficio de director o directora tiene dos cosas capitales, una es saber rodearse de un buen equipo y la otra, manejarlo bien. Incluyendo a actores y actrices.

IR: Y templar los egos, también.

IU: (Risas). También. Pero no solo los de los y las intérpretes, sino los de todos los componentes de los departamentos. Por ejemplo hay un eterno conflicto entre dirección de arte y dirección de fotografía y uno tiene que estar mediando siempre. Tienes que ser un negociador, tener a todo el mundo contento. Eres como un vampiro. Vampirizas al equipo y sacas de ellos su mejor versión. Sobre todo de los actuantes.

IR: Precisamente ahora iba a entrar en ello. ¿Disfrutas trabajando con actrices y actores?

IU: Un rodaje tiene muchos vaivenes. Hay situaciones de amor-odio incluso con uno mismo. Por ejemplo, si cortas para bocadillo y estás saturado del rodaje, de los actores y actrices, necesitas tratar con gente del departamento técnico o quien sea. Y luego pasa al revés, estás saturado de estar con técnicos y demás y necesitas a los y las intérpretes. Tampoco se trata de clasificar a la gente. Por ejemplo, con las actrices y actores funciono de la siguiente manera... Antes de empezar un rodaje les hago saber que, si ellos o ellas lo necesitan, nos encerramos los días que haga falta, leemos el guion cuantas veces sea necesario, corregimos los diálogos, me pueden proponer cosas nuevas y si me parecen mejores las compro… Eso sí, una vez empezado el rodaje las cosas deben fluir como la seda, porque el director o directora debe estar a todo… a la luz, a la cámara, al vestuario, al sonido… Ese ya no es el momento de decir… «Uy, se me ha ocurrido…». A no ser que tenga validez y que sea fácil de asumir. Yo siempre estoy abierto. Si estoy rodando y veo que el maquinista tuerce el morro, en cuanto corto me acerco hasta él y le pregunto qué ha visto. Y, a veces, alguien que está fuera ve algo que tú no has valorado.

IR: ¿Crees que tu forma de trabajar con ellos y ellas ha ido evolucionando desde tus primeros trabajos hasta la actualidad?

IU: La experiencia en ese sentido es un grado. Sobre todo en el ámbito de negociar egos, que citabas. Al principio uno es muy ingenuo en estas cosas porque solo piensa en el resultado final de la película. Pero es capital saber manejar a las actrices y actores y moderar los conflictos que puedan surgir entre ellos. Ese oficio te lo da el tiempo. Yo pienso que el 80% de la suerte con un actor está en su elección (al menos en mi experiencia). Como te equivoques en la selección ya puedes hacer virguerías que no hay tu tía. Yo, en ocasiones, he tenido que aceptar proposiciones para trabajar con un actor o una actriz por compromiso, porque no había otra alternativa. Y me he equivocado. Cuando la elección es tuya y la has hecho mal, ya… El rodaje es un mal lugar para enmendar ese fallo. Trabajarás mucho con el actor –el doble de lo que harías en circunstancias habituales– y te darás cuenta de que, en el mejor de los casos, el resultado es un 5 sobre 10. El verdadero trabajo está en el casting. En la combinación entre actores y actrices. Por qué este funciona con esta y no con la otra, etc. En el casting para un personaje femenino en *La sospecha de Sofía* me salieron seis chicas desconocidas fantásticas. Pero no se da siempre, claro. Y además hablaban alemán, fíjate. Pero no puedes decantarte por una hasta saber qué opciones tienes con el resto del reparto. Hay que verlo todo en conjunto. La química entre los y las actuantes, etc.

IR: ¿Cómo te gusta trabajar con los y las intérpretes? ¿Te gusta que se adapten a una idea preconcebida, te gusta ver qué te ofrecen y transformar el proyecto con ellos?

IU: Como comentaba ahora, no tengo ningún problema en que me propongan cosas, pero luego, a la hora de la verdad, la decisión es mía. Lo compro o no lo compro. Y he tenido casos muy curiosos. Por ejemplo, en el rodaje de *Lejos del mar*, nos alojaron en unos chalés en San José, en el cabo de Gata, y vivíamos todos juntos (*Bwana* también se rodó por la misma zona). Rodábamos de sol a sol en la playa y, cuando volvíamos a casa, mi pareja me decía… «Apuesta, ¿quién crees que llamará primero? ¿Eduard o Elena?» (risas). Cada día venían los dos con sus propuestas y la verdad es que le vino muy bien a la película. De hecho tiene dos escenas que son de cada uno de ellos.

IR: Llama mucho la atención la acogida tan negativa que tuvo esa película. Precisamente tiene muchos elementos de obra de madurez… una puesta en escena muy depurada, una austeridad en todos los elementos… Es algo así como una versión decantada de tu forma de filmar. Probablemente llegue a ser una película que se imponga por sí sola con el tiempo.

IU: Es verdad, sí. Pero también pasa a la inversa, tantas películas que son una bomba en su estreno y luego no aguantan el escrutinio del tiempo. *Lejos del mar* es una de las películas que más me gustan. Y estoy muy satisfecho con ella. La depuración llega hasta tal punto que la película no tiene música. Antonio Meliveo, con quien hice *Plenilunio*, era el músico que iba a componer la banda sonora. Y estuvo en el rodaje, hablamos de la música… y, además, yo estaba convencido de que necesitaría bastante y así se lo hice saber. Pero, luego, después del montaje, la película lo rechazaba todo. La única música que aceptaba era la diegética, la música real de la escena. Y el pobre Antonio estuvo trabajando en ello y se enfadó mucho, y con razón. Pero es que no había forma.

IR: Este es un tema que trataremos más adelante pero lo ideal, al menos en el cine clásico, es que la música tenga su espacio en la película y que le dé un sentido que no tendría en su ausencia. Pero, por otra parte, es interesante lo que dices porque el problema muchas veces es el opuesto… la película crea tanto pánico en montaje que se empieza a poner música por todas partes para salvarla. Aquí es lo contrario, y eso habla mucho en favor de la película.

IU: Eso es. Es que no la necesitaba. Puede parecer un capricho de director pero yo lo percibía de esa manera.

IR: Volviendo a la interpretación, ¿prefieres optar por rostros conocidos con la garantía y/o la tranquilidad que te puede dar un profesional? O, ¿prefieres buscar y encontrar actrices y actores aún por descubrir? ¿Qué factores crees que pueden llevarte a esa decisión?

IU: Como siempre, depende del proyecto. Y depende mucho del lanzamiento económico de la película también. Dos ejemplos contrapuestos que además fueron producidos por nuestra productora Aiete/Ariane films... *El rey pasmado* y *Días contados*. Digo que fueron películas producidas por nosotros para que se vea que no fueron decisiones de terceros ni compromisos. En *El rey pasmado*, todas eran figuras de renombre del cine español: Fernando Fernán Gómez, Juan Diego, Gabino Diego, María Barranco, Joaquim de Almeida, Javier Gurruchaga, Laura del Sol... Era una apuesta por un reparto de «nombres». En la siguiente, *Días contados*, íbamos a seguir con la misma tónica. De hecho la primera propuesta para los protagonistas era Antonio Banderas y Penélope Cruz. Penélope dijo que no, que era un papel muy duro, que tenía que aparecer mucho tiempo desnuda, etc. y me pareció muy bien. Y Antonio, que la quería hacer, se fue a EE.UU. Se suponía que regresaba a las cuatro o cinco semanas, pero resulta que se fue liando, no volvía, y de pronto apareció un personaje maravilloso que fue Paco Pino, el director de casting. Nos pidió que le dejáramos probar a buscar caras nuevas. Y nos convenció. Llevó el tema por ahí y funcionó estupendamente.

IR: Hay decisiones que cambian una vida.

IU: Hombre, imagínate ahora a Banderas en *Días contados*. Yo desde luego no puedo (risas).

IR: Ahora que hablamos de castings. ¿Disfrutas con ellos? Hay veces que incluso se hace casting a las y los profesionales...

IU: Es que, salvo excepciones, siempre hago pruebas, aunque sean profesionales. A las actrices y actores les sabe mal muchas veces, pero no es tanto por probarlos sino por ver qué tal funcionan con su pareja, qué química tienen. Pero, en cuanto a los castings de caras nuevas, yo he tenido épocas en las que no quería estar cuando se hacían las pruebas. Las veía tranquilamente en casa y así tomaba las decisiones con calma. En *La sospecha de Sofía* asistí a las pruebas, me tragué horas y horas. Salvo a la de los niños. Hay límites para todo (risas).

IR: Tener perspectiva es crucial.

IU: Claro, claro. Y es que, fíjate, en ese casting vi a una chica que en plató funcionaba maravillosamente, era encantadora, te embaucaba en escena... Pero luego me traje las grabaciones a casa y me di cuenta de que no funcionaba igual. Entonces, la perspectiva es clave para saber escoger adecuadamente, no estar contaminado por la emoción del momento. Es como aquella expresión de «los árboles que no dejan ver el bosque».

IR: Perfectamente aplicable también a los rodajes...

IU: Y me pasa muchísimo... Es muy importante delegar. Por ejemplo en el montaje. En *El proceso de Burgos* no me apartaba de la mesa de montaje. La película era como mi criatura y tenía la pedantería del novato que cree que lo puede controlar todo. No dejaba que nadie tocara un fotograma. Conforme vas adquiriendo confianza vas delegando. Y si el montador te hace un primer montaje, te permite tener esa perspectiva, ves las cosas con más claridad.

IR: ¿Ensayas con los actores y actrices en la preproducción? ¿Cuántas semanas te gusta ensayar? ¿Qué sistema de ensayos empleas? Lectura previa en mesa, desarrollo de escenas en local de ensayo...

IU: No ensayo nada. A no ser que me lo pidan por algún motivo especial. Lo que sí hago es una lectura con los y las intérpretes. Pero tampoco con todos. Prefiero hacerla más bien individualmente. Y, como mucho, con un grupo selecto, que tengan cierto peso en la historia. La lectura es interesante, porque me cuentan lo que me tienen que contar pero luego no ensayo. Las veces que he ensayado... termino como viciado. Luego llegas al rodaje y has perdido espontaneidad (hablo de mí pero en realidad me estoy refiriendo a los actores y actrices). Te suena todo como a algo usado.

IR: Puedes llegar quemado...

IU: Quemado, sí. De cara al rodaje hay que tener las cosas amarradas de base, pero, por lo demás, cuanto más abierto esté todo mejor. Pasa que llegas y tienes a cuatro o cinco intérpretes en la secuencia y hay uno que ese día se ha levantado con mal pie y tienes que orillarlo un poco y «salvarlo» de los demás. Tienes que adaptarte a este tipo de eventualidades.

IR: ¿También aplicaste el no ensayar en una película como *Días contados*, en el que tienes un reparto con poca experiencia y un estilo tan realista?

IU: Ahí tuve la gran suerte de que Paco Pino ensayaba con ellos una previa antes de rodar la secuencia. Se bajaba con ellos, ensayaba un rato y todo funcionó muy bien porque tensamos todo en la misma cuerda. Pero hay una secuencia que dio problemas, una en la que Candela Peña y Ruth Gabriel están en la cama. Prepararon la escena en un tono muy distinto al que estaba concebido en guion y, al tratarse de un plano-secuencia, tuvimos que pasar a rodar otra cosa porque, si no, íbamos a perder toda la jornada. No nos pusimos de acuerdo y la tuvimos que repetir otro día.

IR: ¿Preparas con los actores y actrices el bloqueo de la escena en el propio set? La coreografía, las marcas, los movimientos...

IU: Sí, lo hago *in situ*. Eso sí, yo tengo una idea y la preparo para mí previamente. La hago también con libertad, dejándola abierta, como decía antes. Puedo prever que voy a rodar unos siete planos y si surge otra cosa, pues me adapto y hago tres. O igual nueve o diez. Yo tuve una experiencia terrible en la escuela de cine. En una práctica que tuve que hacer en una clase de Pilar Miró planifiqué todo el desglose, plano por plano, de forma tan férrea –calculaba hasta los segundos que duraba cada plano– que, cuando llegó el momento del rodaje, me di cuenta de que el travelling y la cámara no entraban por la puerta por la que tenían que pasar. Me bloqueé de tal manera que no supe reaccionar. Me quedé en blanco. Y desde entonces nunca más. Lo preparo pero de forma que pueda adaptarme a las circunstancias.

IR: Actores y actrices profesionales, no profesionales, adolescentes, niños... ¿Cómo combinas todo? ¿Cómo enfocas el trabajo de cada uno por separado?

IU: Hombre, si tengo a alguien que nunca ha hecho nada y le está dando la réplica a Fernando Fernán Gómez pues, sí, hago un ensayo. Sobre todo para limar asperezas. Hay un caso típico en los rodajes, que ahí sí que tienes que tener mucho cuidado, que son los actores o actrices que tienen muy pocas sesiones, pongamos dos o tres. Generalmente el equipo está concentrado, conviviendo durante el rodaje y ya han entrado en una dinámica, se llevan bien... Entonces llegan dos actores, como pasó por ejemplo en *Lejos del mar*, y aterrizan allí para hacer una secuencia. Entonces, claro, es una dificultad terrible para ellos, porque se sumergen en un grupo que ya está organizado. Y tienes que apoyarlos mucho.

IR: Un tema complicado en los rodajes son las escenas de sexo. ¿Cómo las preparas? ¿Ha variado respecto a cómo lo hacías hace 20-30 años? ¿Cómo ves esa película ahora con un coordinador de intimidad?

IU: Por ejemplo, ahora que citas *Días contados*... para empezar, no nos permitirían hacerla hoy en día porque Ruth Gabriel era menor. Tenía 17 años. Yo lo que hice fue hablar con su madre, la escritora y poeta Ana Rossetti, y contarle cómo era el asunto. Y, es que además, no había otra porque los personajes eran así y, si no, la película perdía parte importante de su carácter. A ella le pareció correcto y todo salió bien. Yo no he trabajado aún con ningún coordinador de intimidad pero me encantaría hacerlo, la verdad, porque las escenas de sexo son muy incómodas para todos. Sobre todo para las actrices. Es que, además, en *Días contados* no estamos hablando solo de escenas de sexo –que las hay y bastantes–, sino de la exhibición repetida del cuerpo desnudo. Y ese clima de intimidad es complicado de mantener en un ambiente tan mecánico como el de un rodaje… Hice ensayos con Ruth y Carmelo desnudos. La experiencia que tenía en rodajes con actrices y actores desnudos me traía a la memoria situaciones de mucha tensión. Quería evitar eso y creo que lo conseguí. Otro ejemplo que hoy en día no se haría sería la escena del comienzo de *Plenilunio*, con la niña desnuda por la calle bajo el frío invernal.

IR: Vamos a entrar en el capítulo de la planificación. ¿Prefieres rodar en orden cronológico siempre que sea posible?

IU: Sí… Lo que hago de entrada es hablar con la o el ayudante de dirección –generalmente trabajo con Antton Zabala–, y le pido que los tres primeros días no meta nada grueso. El primer o segundo día, aún es pronto, el rodaje acaba de empezar… Después, si hay escenas trascendentales que requieran cierta necesidad actoral, pues tratamos de agruparlas. Pero, por lo demás, no tengo una preferencia por rodar cronológicamente. Lo hice en *Lejos del mar*, que se rodó prácticamente de forma cronológica.

IR: El espacio dramático-temporal del guion influye mucho en esa decisión. Dos ejemplos que invitan a rodar más o menos cronológicamente suelen ser las películas que transcurren en poco espacio de tiempo (unas horas, uno, dos o tres días…), las que tienen muy pocos escenarios o, por otra parte, las que se desarrollan en distintas épocas y cuya cronología conviene unificar y respetar por cuestiones de peluquería, vestuario, escenografía…

IU: Eso es. En el guion de *Lejos del mar* manda sobre todo la escenografía. También en *Bwana*. En este caso el reto fue el rodaje en un mismo espacio, la playa, y en la continuidad temporal del guion. La historia comienza al atardecer de un día y termina a la mañana siguiente, tras una noche donde los protagonistas pasan junto a una hoguera. El rodaje de *Bwana* fue bastante sufrido pese a todo. La arena, las huellas, las mareas, el viento, mantener el rácord… Se me quitaron las ganas de volver a rodar en una playa. Aunque no llovió ni un solo día. No teníamos *cover set*, pero no hizo falta.

IR: Empezabas a apuntarlo y creo que vale la pena profundizar más en ello. ¿Cómo trabajas la planificación del rodaje con la o el ayudante de dirección? ¿Te propone una idea de orden de trabajo o le informas previamente de ciertas preferencias?

IU: Tú vas con tus ideas y muchas veces ocurre que la o el ayudante de dirección te dice que no puede ser porque si mueve tal cosa repercute en otra, hay que meter más sesiones a otra actriz, etc. Ese tipo de cosas. Una vez en rodaje, al comienzo de la jornada le cuento al ayudante, más o menos, cómo voy a rodar y después ya me olvido. Es una gozada porque el trabajo importante lo hacen ellos. El ayudante de dirección es quien mueve realmente un rodaje.

IR: ¿Cuántas semanas de rodaje trabajas habitualmente?

IU: Eso depende muchas veces del productor y del tipo de película que sea. Una película modesta pueden ser seis semanas, una más grande siete u ocho. Me ha tocado algún productor que me ha propuesto rodar en cinco semanas una película de época y me ha parecido un disparate.

IR: ¿Cumples habitualmente el plan de rodaje dentro del plazo o tiendes a excederte?

IU: Suelo cumplir siempre. Me parece que es un compromiso con el productor y, a no ser que haya pasado una desgracia, finalizo a tiempo. Es más, suelo acabar antes. Si la jornada de trabajo es, pongamos, de diez horas, generalmente termino una hora antes. Si la cosa va bien. Y si algún día hay que pedir un esfuerzo para quedarse una hora más el equipo se muestra mucho más favorable. Suelo estudiarme muy bien los planes de rodaje y si me comprometo a hacerlo en el plazo acordado lo cumplo siempre.

IR: ¿Haces por separado la puesta en escena y la puesta en cuadro? ¿Vas con una idea previa? ¿La adaptas en rodaje?

IU: Voy con una idea previa y una vez en el set, si hay un pequeño ensayo de movimientos lo hago a la vez. Ves las posibilidades reales sobre el terreno.

IR: De alguna manera, contrastas si es «válida» tu idea

IU: Eso es. Y muchas veces modificas cosas. Cuando empiezas, el sol da a un lado y al final resulta que da al otro... Pues modificas la puesta en escena y todos salimos ganando.

IR: Las y los ayudantes de dirección siempre quieren tener una información lo más definida posible de cómo y qué va a rodar el director en la jornada. Porque hay veces que una secuencia puede tardar en rodarse una mañana o un día entero. Y esa diferencia es crucial para los ayudantes.

IU: Sí. Yo todo eso se lo comento previamente. Es que, además, cuando llevas varias películas con el quipo habitual este reconoce cómo respiras y sabe a qué atenerse. Por la mañana, mientras desayunamos, el ayudante me puede preguntar qué tengo. Y yo le puedo responder que son ocho planos, el tiempo que preveo para cada uno, cuántos de ellos llevan travelling, etc.

IR: Con lo cual, el movimiento de cámara lo especificas con antelación. La naturaleza que tendrá... fija, panorámica, travelling, steadicam, al hombro... ¿También con cuántas cámaras lo harás?

IU: Sí. Yo siempre ruedo con una sola cámara. Salvo por razones de fuerza mayor o excepciones muy, muy contadas. Es muy importante la lectura de guion con los jefes de departamento. Ahí ya vas marcando las necesidades. Es el momento de «di lo que quieras o, si no, calla para siempre». Todo lo que sale ahí se lleva a cabo al 90%. Luego siempre surgen elementos nuevos. Jamás se me ocurriría tener a un equipo parado toda la mañana esperando a un steadicam cuando no estaba previsto, por ejemplo.

IR: En la práctica, ¿cómo preparas el desglose de planos sobre un guion literario? ¿Generas otro documento o tiendes a garabatear sobre el propio guion?

IU: Garabateo en el propio guion o en otro cuadernillo aparte. Yo dibujo espantosamente mal pero me sirve para el propósito. Frecuentemente, lo hago el día anterior, antes de dormir. En una media hora ya lo tengo. Pero hay noches en las que le das mil vueltas a las cosas y al levantarte por la mañana, cambias totalmente lo que hiciste la noche anterior. Siempre se dice que cuando uno se mete en la cama debe desconectar de todo lo relacionado con la jornada y sus preocupaciones, si no, está perdido. La teoría es fácil...

IR: Cuando la secuencia lo ha requerido, ¿has hecho un desglose especial de VFX (*Visual Effects*), storyboard, etc.?

IU: Sí, pero no me hace gracia. Me gusta la frescura de lo real. Para mí, de todas las fases por las que pasa la creación de una película, el rodaje está por encima de todo. Del atractivo de mi profesión, el rodaje se lleva el 80%, el montaje el 15% y el resto se va en la preparación, que es la fase más jodida, porque es cuando tienes que empezar a tomar decisiones, casi a ciegas. Aunque imagines o planifiques tal secuencia o plano, una vez que estás en el rodaje ahí pasa algo especial. Será la adrenalina o lo que sea, pero parece que flotas. Y esa excitación te genera nuevas ideas, te estimula...

IR: La famosa inspiración.

IU: Que, en condiciones normales, no te viene. Ese estado creativo yo solo lo he tenido en los rodajes. Nada que ver cuando, por ejemplo, me he puesto a escribir. Claro que, como ya he dicho, mi profesión es la de director y no la de escritor. Estoy seguro de que los escritores tendrán sus frases excitantes de creación.

IR: ¿Crees que cada plano, cada movimiento de cámara, la puesta en escena o de cuadro, en definitiva, debe de estar motivado o justificado por el punto de vista de un personaje? ¿Te gusta que la mano del director se vea de forma evidente?

IU: Una vez más manda la historia y la película. Pero mi tendencia es a justificar la mirada del personaje. Para mí, esa mirada es la que me indica dónde he de colocar la cámara. Ese es mi punto de partida a la hora de planificar.

IR: ¿Delegas el trabajo de bloqueo de extras o te gusta coreografiarlo tú mismo?

IU: Lo dejo en manos del ayudante de dirección. Más tarde ves un ensayo y opinas y haces cambios. Pero eso, habitualmente, lo dejo en manos de Antton, que lo hace muy bien.

IR: ¿Tu forma de dirección se repite deliberadamente en cada película o cambias en cada proyecto?

IU: Tiendo a ser sistemático. Y además procuro, como ya te he dicho, tener siempre el mismo equipo. Nunca puedes juntar el equipo al completo porque son muy buenos y coincide que están en otros rodajes. Siempre rotas a dos o tres operadores, por ejemplo. Pero intento repetir. Y, una vez más, suelo delegar mucho en el equipo. Todo el mundo se siente más involucrado y aporta mucho al proyecto.

IR: ¿Cómo actúas en el set? ¿Eres instintivo? ¿Te aíslas cerebralmente como en una partida de ajedrez?

IU: Soy muy instintivo. No soy nada milimétrico ni preciso. A mí me gusta el momento creativo que genera el rodaje.

IR: Ya me lo has sugerido antes, pero ahora es cuando entraremos en ello. ¿Te gusta «cubrirte» para montaje? ¿Haces distintas versiones de un plano y/o añades nuevas posiciones de cámara?

IU: Metraje justo y ordenado (tajante). Que el montador tenga que quitar solo las claquetas (risas). Es una broma pero tampoco estoy muy lejos de esa idea. Aunque siempre hay excepciones… Yo monto en mi cabeza.

Vuelvo a la expresión de Teresa Font... «habas contadas» (risas). En mi caso son incluso demasiado contadas.

IR: De hecho, en las escuelas, es lo primero que desaconsejan, ir justo de metraje. Más bien te enseñan a cubrirte para tener alternativas. Más aún ahora, con el digital, que no existe la presión del gasto de metraje.

IU: Sí, y alguna vez me ha pasado..., haberme pillado los dedos por falta de alternativas o de material. Pero ese es el riesgo. Cuando eso ocurre te agarras al palo mayor de la vela y aguantas estoicamente. De vez en cuando hago algunos planos de más. Porque, sobre la marcha, me digo, «bueno, lo decidiré en el montaje». Pero eso de rodar (señala con las manos) por aquí, ahora por allí, después por allá y después por si acaso desde no sé dónde... Eso no. Salvo excepciones... En *El viaje de Carol*, hay una secuencia en la que todos los personajes salen a la plaza del pueblo porque llega un avión cuyo piloto lanza un regalo a su hija, y allí están todos los intérpretes de la película, hay mucho jaleo y la situación te obliga a captar todo eso desde distintas posiciones. Tienes que concentrar, desde producción, todos los esfuerzos necesarios para aprovechar esa jornada.

IR: Se suele decir que Ford y Hawks eran de una toma, Lumet de dos o de tres mientras que William Wyller, Kubrick o Fincher superan las 50. ¿Cuántas tomas sueles hacer habitualmente? ¿Sabes de antemano cuántas vas a hacer o es algo que sucede según las circunstancias?

IU: Pocas y cada vez menos. Una vez tuve una experiencia muy significativa. Rodé un travelling de una conversación de una pareja andando. Hice treinta tomas y, finalmente, monté la primera. Te dejas llevar por comentarios del equipo... «es toma única, tienes que hacer otra...». Haces la segunda y notas que el ritmo se ha torcido. Haces la tercera y resulta que uno de los actores varía en tono respecto a la primera. Una cosa lleva a la otra y acabas haciendo treinta tomas y te das cuenta de que la única que realmente vale es la primera... Yo, lo que sí he notado es un salto cualitativo importante del celuloide al digital en el tema de la inmediatez y ausencia de incertidumbres. En algunos casos me han contado que es al contrario, pero en mi caso desde luego no. Antes quizás tenías que hacer cinco o seis tomas porque podían revelarte mal la película y necesitabas cubrirte, por si acaso. El operador era el único que realmente «veía» la toma. Tenías el combo pero no era lo mismo. Había muchas sorpresas... el micro que entra, la película rayada... Ahora hay muchos más ojos viendo el resultado (para bien y para mal) pero, al menos, tienes la certeza de lo que tienes entre manos. Y, en ese sentido, si la primera toma es buena, pues tiras para adelante. Si la toma está bien, ¿para qué voy a hacer otra? Te dicen, «no, por seguridad...». La toma está ahí y ya no es como antes, que te la podían revelar mal o lo que fuera. Yo he notado mucha más rapidez con el digital.

IR: Un motivo para tener más material puede ser el evitar poner en riesgo la delicada empresa de hacer una película, sobre todo teniendo en cuenta el factor económico. Por otra parte, a muchos les pasa que, al no tener gasto en película virgen, se relajan y ven una posibilidad de hacer ensayos rodados, más tomas, probar distintas cosas, lo que comentábamos ahora, la cosa se «ablanda». Se ve que, los que venís de la escuela de la economía de medios tenéis la noción del ahorro muy metida en vuestro ADN. De hecho la seguís empleando aun cuando no hay necesidad de hacerlo. Pero, por hacer de abogado del diablo, podemos decir que siguen existiendo errores humanos que cuestionan la garantía en el sistema digital. Antes podías quejarte del tren de revelado, en cambio ahora se conocen casos en el que el DIT (*Digital Imaging Technician*) ha echado a la papelera una jornada entera de rodaje y se ha tenido que hacer un *retake* de todo eso.

IU: Claro que puede suceder. De hecho un problema serio del cine digital es que «no existe», es virtual, son datos. Te lo cargas con un solo «clic», como dices. Y, desde luego, repetir secuencias es lo peor del mundo. Nunca queda mejor que la primera vez. Nunca.

IR: ¿Cómo te gusta abordar el orden de rodaje de una escena? ¿Ruedas primero los planos generales y luego vas cerrando el área o ruedas primero los cortos si implican mucha emoción por parte del actor?

IU: Normalmente, planteo un máster o general en el que recojo gran parte de la acción. Y luego paso a los medios, cortos y a los insertos.

IR: ¿Qué te parece esta frase de Lubitsch?... «Hay mil maneras de posicionar una cámara, pero en realidad existe solo una».

IU: Exactamente. Estoy de acuerdo. Volvemos a lo de antes. El punto de partida para posicionar la cámara viene de la mirada del personaje. Es la quintaesencia del cine clásico americano.

IR: Vamos a hablar de escenografía. ¿Cómo trabajas con la directora o el director de arte? ¿Elaboras mentalmente la escenografía desde que trabajas el guion? ¿Cuánto aporta al proyecto el escenógrafo?

IU: No tengo ninguna noción mental del espacio de la película previo a las localizaciones. En la preparación, cuando el equipo de arte empieza a localizar, es cuando empiezas a ver todo. Es el momento de hablar con el director de arte. Vas definiendo las distintas opciones que te ofrece. Cada fase de la realización de una película tiene un departamento que sobresale más que otro. En la preproducción, la dirección de arte tiene mucho peso. Las horas que empleas en una furgoneta, localizando de aquí para allá...

IR: Me estoy acordando de la labor de Félix Murcia en algunas de tus películas. Por ejemplo en *Días contados*. Ese hiperrealismo de Antonio López, tan monocromático, de azules, grises...

IU: Como de cobalto, sí...

IR: ¿Esa idea no la traías ya de guion? ¿No lo visualizabas?

IU: Depende... Hay cosas que tienes en mente pero aún no les has puesto nombre. Lo primero que suelo hacer en preproducción es un gabinete de crisis. Nos sentamos la directora o el director de arte, la directora o el director de fotografía, la directora o el director de vestuario, la o el ayudante de dirección y yo. Por ejemplo, en *Días contados* Félix hacía la escala de colores, la discutíamos y así surgieron los tonos tan monocromáticos que desarrollaríamos en la película. Luego está el rojo, como contrapunto. Porque el origen de la película está en la ópera *Carmen* de Bizet. En la fatalidad de la mujer que acaba arrastrando al hombre y todo eso. Y le asignamos el rojo a la protagonista. Y ese rojo, con matices dorados, aparece después en el único oasis de la película, que es el viaje a Granada, en la Alhambra. En el resto de la película limitamos el espectro a grises, azules, negros... Llegó a niveles obsesivos. La idea era quitarle ese aire costumbrista al centro de Madrid y darle un aspecto de cualquier ciudad posible.

IR: ¿Prefieres el trabajo en localizaciones reales, en decorados o en una combinación de ambas?

IU: Localizaciones reales. Si puedo evitar el decorado, lo evito. A no ser que sea algo intermedio. Grandes localizaciones transformadas, por ejemplo. Se hace mucho. Ya que estamos hablando de *Días contados*, es el mejor ejemplo. Había un edificio en obras por el centro de Madrid, en una zona que estaba bien para sonido directo y había cuatro pisos que estaban demoliendo. Coincidió que en el momento de rodaje no estaban trabajando y se procedió a un atrezo en la cuarta planta sobre lo que había allí; en la tercera planta teníamos otro set, en la segunda otro, y así con el resto.

IR: Uno de los grandes hándicaps es que las localizaciones sean lo suficientemente espaciosas como para meter a todo el equipo en el set.

IU: Claro. Es que es capital. Y para el sonido también. Si el de o la de sonido empieza a ponerme pegas, ya puede ser una localización maravillosa que no la compro.

IR: ¿Eres de los que pisa el terreno de rodaje a primera hora de la mañana, antes que nadie, para sentir la atmósfera?

IU: Las últimas películas las he rodado fuera de casa y todo el equipo ha estado reunido en los lugares de rodaje. Y eso me parece maravilloso. No hay color entre una película que corta el rodaje y el equipo se va a su casa y aborda sus problemas cotidianos o, por ejemplo, el que teníamos en *Lejos del mar*, que vivíamos como en una comunidad y, al volver de rodaje, nos íbamos a tomar unos vinos y a comentar las escenas del día siguiente. Es la sensación de «plenitud» que comentas. No es que llegues el primero a la mañana. Es que estás en todas partes a todas horas.

IR: No es fácil tener al equipo artístico en exclusividad durante todo el rodaje…

IU: Cada vez es más difícil. Pero, como en este caso, si llegas a un compromiso, es el mejor regalo que le puedes hacer a la película.

IR: Y el uso constante de los móviles es otro tema a la orden del día.

IU: Yo no dejo usar los móviles en los rodajes salvo que sea por algo imprescindible. Apagados. Hemos llegado a hacer bote para pagarnos una mariscada después (risas). A producción, por ejemplo, sí se le permite. Está trabajando y tiene que estar conectado constantemente.

IR: Es justo lo que apuntaba antes, cuando los defensores del celuloide respaldan el soporte fílmico dicen que cuando se rueda una película, de alguna manera, el mundo se «detiene», porque cada metro de película cuesta dinero, hay una responsabilidad total. Y, cuando se hace en digital, parece que el equipo está más relajado y despreocupado en ese sentido.

IU: Ese es el lado negativo que yo le veo al digital. Y lo que decías acerca de los ensayos rodados y todo eso. Al montador le llega material a punta pala, como para volverse loco. Tiene ese vicio heredado de la televisión.

IR: Vamos a entrar en la fotografía. ¿Buscas un estilo para cada película? ¿Tiendes a imponer un estilo de antemano? Veo en tu filmografía que tienes cierta tendencia a la sobriedad fotográfica.

IU: Depende de lo que me plantee el director de fotografía, pero regularmente solemos coincidir. Ahí, de nuevo, entra en juego la elección de tu equipo. Si le conoces y él te conoce a ti sabes que no va a haber sorpresas. Influyen mucho las localizaciones donde vas a rodar. En *Lejos del mar*, gran parte del día estábamos en la playa y a expensas de lo que el clima dijera. En otras películas optas por otros caminos, como el que hablábamos de *Días contados*, por ejemplo.

IR: Además has tenido la gran suerte de trabajar con grandes operadores. Sin ir más lejos, Javier Aguirresarobe es un genio de la luz y proviene de ese estilo fotográfico con influencia de los operadores europeos de los años 60, que iluminaban con luz natural, como Néstor Almendros, por ejemplo. Supongo que el dicho popular «Dios los cría y ellos se juntan» acaba siendo cierto, porque tu cine generalmente es muy realista y natural.

IU: Sí..., porque compartes muchas cosas, aparte de una forma de ver y hacer cine. Lo mismo sucede con Kalo (Gonzalo F. Berridi). Kalo y Javi (Aguirresarobe) son los operadores con los que más he trabajado.

IR: Y siendo los dos unos operadores de corte esencialmente realista, podemos diferenciarlos claramente. Berridi es un operador más sobrio y directo que Aguirresarobe, que tiende a una fotografía más «vestida», si se le puede llamar así. Supongo que eso se refleja también en los tiempos de rodaje.

IU: Hombre, Aguirresarobe tiene toda una carrera, y todo un trabajo en Hollywood. Los dos tienen muchas cosas en común y son estupendos. Es lo que dices, Kalo, por ejemplo, es muy rápido iluminando. A Javi le gusta emplear más tiempo porque siempre hay un detalle que quiere perfeccionar. Cada operador es un mundo.

IR: Me gustaría que me hablaras de las relaciones de aspecto, los formatos. Tanto en pintura como en fotografía los formatos siempre han estado próximos a la forma cuadrada, guardando equilibrio entre la horizontalidad y la verticalidad. De hecho la relación de aspecto que constituyó el cine a lo largo de 50 años, es el 1,33:1, muy cercano a ese equilibrio y basado siempre en cómo percibe su entorno el ser humano. A partir de los años 50, la pantalla se fue ensanchando por la necesidad de desmarcarse de la televisión... ¿Tienes una relación de aspecto preferida para encuadrar una película?

IU: El panorámico estándar (1,85:1). Pero depende también del proyecto. Por ejemplo *Plenilunio* se rodó en panorámico anamórfico de Panavisión (2,39:1) y eso permitía hacer unos encuadres muy extremos. Te cambia radicalmente la composición. Normalmente solemos elegir el formato junto con el director de fotografía.

IR: El cine clásico tiende a centrar la composición de la imagen. Busca la centralidad. Hawks se quejaba de la llegada del cinemascope, de la que salió un tanto escaldado con *Tierra de Faraones* (*Land of the Pharaohs*) –una de las películas preferidas de Martin Scorsese, por cierto–. Decía Hawks… «Hemos tardado 50 años en aprender a componer la imagen, centrando el sujeto, y ahora que lo hemos conseguido nos encontramos con que tenemos que polarizar la composición. Esto influye en el ritmo del montaje pero, a la larga, es contraproducente para la historia, hace las películas más lentas. El cerebro humano no está preparado para procesar tanta información con una pantalla tan ancha». Imagínate para alguien que estaba acostumbrado al ritmo de las «*screwball comedies*». Esta afirmación puede dar la sensación de tener un cariz conservador, pero en realidad tiene mucho de verdad y es fácil ponerse en su lugar. La dificultad para asimilar tanta información en tan poco margen de tiempo es algo que se arrastra aún hoy en día. El ritmo de montaje es más fluido cuanto más sintética y unidireccional es la información que contiene el plano. Por eso en la gran mayoría de las veces el formato panorámico se emplea de forma muy convencional, incluso banal, encuadrando los sujetos como en un formato estándar. Ha habido valiosas excepciones que se adaptaron prodigiosamente, como David Lean, por ejemplo. *Lawrence de Arabia* (*Lawrence of Arabia*) o *Doctor Zhivago* son prodigiosas y un deleite para los sentidos. Claro que David Lean, también, era montador en sus inicios y sabía lo que se hacía…

IU: (Asiente) Yo soy muy fan del formato clásico, el cuadrado 1,33:1. Lo que pasa es que es muy difícil. No digamos ya en blanco y negro. Para mí es la combinación ideal (risas). Es muy difícil adecuarlo a un proyecto y, sobre todo, justificar su empleo. Y es difícil de respaldar financieramente. El 1,85:1 puede que sea el más agradecido a la hora de centrarte en la historia, como tal.

IR: El querer rodar una película en blanco y negro es una constante de muchos directores de fotografía. ¿Utilizas las ópticas focales en función del valor del plano o aplicas una misma focal generalmente? ¿En qué rango de ópticas te encuentras más cómodo?

IU: Suelo hacerlo poniéndome de acuerdo con el director de fotografía. Pero de manera habitual, si el formato es estándar, me muevo entre el

32mm y el 50mm, o algo así. Ni grandes angulares ni teles. Salvo excepciones, una vez más. Hay que estar abierto a los contratiempos. Hay muchas veces que tienes que adaptarte a decorados muy pequeños y te ves obligado a meter angulares porque no queda otra.

IR: ¿Te gusta usar ángulos habituales para la mirada humana? Mientras te hago la pregunta me estoy acordando de *Días contados*, que empieza con un plano aéreo…

IU: Soy bastante comedido al respecto. El caso que comentas va un poco con el tono de la película, que tiene esa adrenalina ya desde el comienzo. Pero generalmente me gusta que respete la mirada y la posición humana. Soy clásico en eso. Lo que sí empecé a hacer a partir de *Días contados* fue usar la cámara al hombro para ciertos planos, para que los seguimientos, los movimientos, fuesen más orgánicos. Pero sin hacer alarde de la técnica. No se tiene que notar. Si no, me parece un error. Como mi planificación es bastante clásica, si encima dejas la cámara sobre el trípode en plano fijo puede acabar siendo todo excesivamente tedioso. Y de esta forma la película respira más.

IR: El operador ha sido siempre el primero en «ver» la película en un rodaje. ¿Confías en su criterio en los encuadres y movimientos de cámara? ¿Te gusta colocarte cerca de la acción sin siquiera ver la imagen monitorizada? ¿O prefieres aislarte de todo con un monitor?

IU: Yo suelo ver la toma en cámara. Normalmente veo una toma antes de rodar, en el ensayo. Y si es necesario corrijo alguna cosa. Y ya después, suelo verlo en el combo, pero no necesariamente durante el rodaje de la toma. A mí me gusta estar cerca del lugar de la acción. Si hace falta con un pequeño monitor. Ahora ya es más difícil pero antes nunca dejaba que nadie mirara por el combo. Sobre todo las actrices y actores. Porque, aparte de que retrasaba todo terriblemente, había intérpretes que se veían, no se gustaban, salían las inseguridades, te pedían otra toma y el rodaje cogía unos derroteros que… Pero como ahora hay «catorce» combos en un rodaje es muy difícil acotar eso. Vestuario tiene su monitor, maquillaje el suyo, y así sucesivamente.

IR: ¿Echas de menos los *dailies* o proyecciones diarias?

IU: Hombre, cuando acabas una jornada y no estás contento con cierta cosa siempre revisas el material. Y puede que, dependiendo de cómo es, te plantees repetirlo. Pero lo del visionado siempre ha sido «por si las moscas».

Nunca por el hábito de repasar todo el material filmado durante la jornada. Siempre lo he hecho, en cualquier caso, con los implicados, no con todo el equipo.

IR: Hablando de equipo. Los y las ayudantes de dirección son clave para establecer el tono del grupo. ¿Cómo reaccionas ante tensiones y contratiempos de rodaje?

IU: La relación con el ayudante es crucial, sí. Y con Antton, que es la serenidad personificada, ni te cuento. Yo, desde luego, no concibo un rodaje con conflictos, crispaciones, con gritos… Además, no dejo que nadie lo haga. Y yo, creo que he reventado dos veces en mi vida, pero por cosas justificadas. Me parece imprescindible tener un buen trato entre todos y que todo fluya, aunque las condiciones sean duras. Recuerdo el primer día de rodaje de *La carta esférica*, que arrancamos con el barco. Partíamos de cabo de Palos hacia alta mar para alejarnos de la costa y que esta no se viera. Bueno, pues el primer día fue catastrófico. El foquista vomitando, el otro, mareado, me decía… «Uy, esto va a ser imposible. ¡Cómo no pensé en ello!». Además había poco espacio… Pero en seguida cogimos el toro por los cuernos. Tomé la decisión de la cámara en mano e hice todo lo del barco de esta manera.

IR: Bill Butler y Michael Chapman le propusieron lo mismo a Spielberg en *Tiburón* (*Jaws*), quizá el caso más famoso de rodaje marítimo catastrófico.

IU: Javier Aguirresarobe es un excelente operador con la cámara al hombro y era algo que tenía a favor. Y el último día en la mar nos fuimos todos con lágrimas en los ojos. «¡Qué putada, se acabó el barco!». (Risas).

IR: ¿Cómo se te dan los rodajes nocturnos? ¿Crees que se rinde menos?

IU: Antes de meterme con los rodajes nocturnos te diré que cuando menos se rinde es después de comer. Yo, de manera habitual, intento que en los rodajes no haya cortes para el almuerzo. Es más, te señalaría secuencias de películas mías que se han rodado después de comer. Últimamente he conseguido llegar a un acuerdo respecto al tema aunque los más difíciles de convencer siempre son los eléctricos. Plantamos una mesa con cosas para picar de forma permanente y hacemos que la jornada sea continua. Y, luego, una vez acabado, haces una comida o merienda-cena y nos reímos. Porque, si no, yo noto mucho el corte para comer, es mortal. Y en cuanto a las noches, la verdad es que se hacen duras. Para todos. Sobre todo el cambio de jornada. Si llevas dos semanas trabajando de día cambiar a noche es terrible.

IR: Los cambios de secuencia durante la noche, mientras se prepara la iluminación y queda tiempo muerto... No hablemos ya de las últimas horas, hacia el amanecer...

IU: Terrible... Yo recuerdo *Plenilunio*, que se rodó en dos fases en Palencia. La primera antes de Navidad y la segunda después. En pleno invierno, imagínate. Y ese año hizo especial frío. Salíamos a las seis de la tarde del hotel porque a las siete ya era de noche, y regresábamos a las cuatro o cinco de la mañana. Íbamos como los astronautas que salen al espacio. Lo mismo daba qué te pusieras de ropa porque después de estar esas horas a la intemperie, el frío helado se te metía hasta los huesos. Esos rodajes se hacen durísimos.

IR: Hemos hablado algo de esto antes pero, ¿con quién prefieres pasar más tiempo durante los descansos de rodaje? ¿Actores y actrices? ¿Técnicos?...

IU: (Risas). Normalmente con los técnicos. Los intérpretes siguen hablando de la toma, del personaje, del trabajo... Pero, cuando cortas, necesitas desconectar. Los técnicos, generalmente, tienen una visión más pragmática del trabajo y están en otro plano más de a pie. Puedes hablar, por ejemplo, de lo que hizo ayer la Real Sociedad, etc. Pero no es una cuestión de preferencias. La clave está en desconectar.

IR: ¿Tiendes al sedentarismo durante el rodaje o eres más bien activo?

IU: Siempre he estado muy activo. Con el paso de los años, ya no tienes tanta energía como antes para aguantar la jornada entera de aquí para allá porque acabas muerto pero, dentro de mis posibilidades, siempre me gusta estar activo. Y, sobre todo, hay una cosa que me parece imprescindible... yo no hablo nunca más alto de lo necesario, ni con las actrices y actores ni con los técnicos. Hablo en alto solo cuando es algo que interesa a todo el equipo. Si tengo que corregir a un actor lo cojo, lo llevo a un aparte y digo lo que tengo que decirle. Porque lo de estar en el combo vociferando me parece terrible. Además te hace gastar mucha energía. Y tampoco me gusta estar parado en el monitor mientras el rodaje está en marcha, preparándose la iluminación o lo que sea. Me gusta estar viendo lo que pasa, junto a las actrices y actores. Que sientan tu presencia. También durante el rodaje de la toma. Y, si es caso, verla después en el combo si hace falta.

IR: Vamos a entrar con el montaje, un departamento que, también lo hablaba con Pedro Olea, viniendo de una profesión de dominancia masculina, como en gran parte de la sociedad, llama la atención por haber tenido históricamente figuras femeninas muy importantes. Teresa Font, con la que tanto has trabajado a lo largo de tu carrera es una histórica del cine español… ¿Cómo trabajas con ella? ¿Te gusta que vaya pre-montando el material ya en rodaje?

IU: Bueno, en este tema se ha evolucionado mucho. Pero no solo con Teresa. Antes, hemos comentado que al comienzo de mi carrera no dejaba que nadie tocara un fotograma si no estaba yo presente, y ahora es todo lo contrario. Me gusta ver el material montado. Coger un poco de perspectiva. Y está bien ver una primera propuesta de montaje, aunque luego la corrijas, por supuesto. Con Teresa siempre he trabajado muy a gusto. Hay veces que nos reunimos durante el fin de semana y vemos una proyección con el material rodado. Ahora incluso es más sencillo, te lo envía telemáticamente y haces los comentarios sobre la marcha, en el ordenador. Ordinariamente hay pocas sorpresas porque el material va muy justo en cuanto a opciones. Pero si veo que a Teresa se le ha ocurrido alguna idea, dejo que la pruebe. En alguna ocasión, me ha llamado para decirme que, quizá, sería interesante incluir un plano que sugería o cambiar de sitio uno que no estaba en el lugar que le correspondía. Eso ha supuesto, incluso, haberlo filmado a pesar de no estar previsto.

IR: En cualquier caso, tratas el montaje siempre desde el punto de vista lógico de la narración, muy pegado al guion. No intentas «crear» una nueva película en montaje.

IU: La referencia siempre es el guion.

IR: ¿Cómo elaboras el sonido? ¿Te dejas llevar también por la lógica de la narración o te gusta experimentar hábitos más subjetivos? Hay gente a la que le encanta el sonido directo pero hay otros, en cambio, que ven en la postproducción una oportunidad de crear todo un universo sonoro, partiendo desde cero.

IU: Yo doy mucho valor al sonido directo, lo cual no quiere decir que, en determinados momentos, no utilice otros elementos. Pero, generalmente, la base del sonido directo me parece capital. Noto muchísimo, por ejemplo, con los doblajes de voz. Con los efectos igual lo percibo menos. Pero las voces… Sobre todo si son intérpretes extranjeros que no hablan el idioma de la película y los tienes que doblar. Es terrible. Pero hasta incluso si es el propio actor quien se dobla.

IR: Me comentabas que *El rey pasmado* fue tu primera película con sonido directo real. Que hasta entonces todas tus películas habían sido filmadas, a lo sumo, con sonido de referencia, pero dobladas finalmente.

IU: Fue un cambio total. Pero es que, incluso cuando editas el sonido directo puede darse que alguno de los actores o actrices no estuviese en su mejor versión en el rodaje y el técnico te dice… «he cogido esta frase de no sé qué toma, la he parcheado y ha quedado perfecta». Y la escuchas y se te queda cara de póker porque lo notas. Te dicen que es cosa tuya, que hay que mirarlo con ojos externos. Pero luego te das cuenta de que, muchas veces, el espectador normal también lo percibe.

IR: Hablemos de música. ¿Qué papel crees que tiene en una película?

IU: Yo tengo un problema importante, y es que soy un negado para la música. Yo la fui descubriendo en los años 90, y me empezó a gustar la ópera. Me obsesioné con *Carmen* y, de hecho, fue el origen de *Días contados*. Pero soy bastante torpe con la música en términos generales. Apenas la escucho en mi vida diaria, por lo que, en las películas, me encuentro casi en manos del músico. El problema siempre ha sido transmitirle lo que yo quiero. Y eso se ha traducido teniendo largas conversaciones, hablando de todo un poco y, quizá, con alguna que otra borrachera (risas). Tuve un caso, *Miel de naranjas*, película producida por Enrique González Macho en coproducción, con una pequeña participación de una empresa portuguesa. Típico caso de «reparto de cromos» en el que parte del equipo técnico viene de fuera. Necesitábamos dos actores y dos técnicos. Y uno de ellos se asignó a la música. El hecho es que estaba ya todo preparado, a punto de rodar, y surge una de esas situaciones en las que te ves entre la espada y la pared. En definitiva, Enrique llamó a Nuno Malo, un músico portugués que vivía en Los Ángeles. Pues Nuno pretendía componer la música sin moverse de allí, grabarla telemáticamente con una orquesta en Bratislava, y mezclarla en Los Ángeles. Y yo le dije que me parecía estupendo pero que yo necesitaba tocarle, sentirle a mi lado, discutir con él, emborracharme con él… Si no, tendría que buscarme a otro. Y al fin se vino de Los Ángeles y estuvo aquí quince días. Y comprendió el tema. Es que yo, de entrada, tengo bastante dificultad para explicarle a un músico lo que quiero transmitir y necesito el contacto personal. Lo he hecho siempre así. Las primeras películas las hice con Alberto Iglesias, he hecho muchas con Pepe Nieto, y también he trabajado con Antonio Meliveo, Bingen Mendizabal, Vanessa Garde… Con Vanessa fue diferente porque nos pilló la pandemia en la producción de *Llegaron de noche* y lo hicimos todo por zoom. De hecho la conocí personalmente mucho tiempo después. En cualquier caso, lo que sí es cierto es que el contacto es importante y que, una vez que trabajas con el mismo músico durante mucho tiempo, todo es más fácil porque sabe por dónde te mueves. Ocurre como con el resto del equipo.

IR: Como dices, has trabajado mucho con José Nieto, que es un músico muy relevante no solo por su aportación como compositor al cine español, sino también por su labor didáctica y de investigación. Tiene publicados unos libros muy interesantes sobre teoría de la música en el cine. Aparte, fue un arreglista musical fundamental en los setenta para grupos y artistas muy importantes. ¿Cómo trabajas con él? ¿Lo haces con músicas preexistentes como inspiración para darle la primera noción de la película?

IU: A veces sí. O puede que él me lo proponga... «A ver qué te parece esto...». Generalmente las referencias son otras películas o bandas sonoras. Con Pepe hablaba de la banda sonora antes de empezar incluso la película. Pero no vale para todos los casos. Como te decía antes, fíjate lo que ocurrió con *Lejos del mar*. Es que, además, últimamente, cada vez meto mucho menos música.

IR: ¿Trabajas de forma diferente con según qué compositores?

IU: No. Intento aproximarme de la misma manera. Hice unas cuantas películas con Pepe Nieto porque nos entendíamos muy bien. Lo que pasa es que, en el mundo del cine, existen exigencias de producción que te obligan a hacer encaje de bolillos con el reparto del equipo y no siempre puedes elegir a quien te gustaría.

IR: ¿Has rodado alguna vez con la música grabada previamente?

IU: Solo una vez. Y fue en *La muerte de Mikel*, donde el componente dramático era muy potente, era *Tulerunt Dominum meun*. Es que aquellas voces estremecían el alma. Es la melodía con la que empieza y acaba la película. Y también está en la secuencia clave, cuando la madre escucha a su hijo mayor que le dice que Mikel ha muerto. Después solo lo he hecho en momentos puntuales, no ya para uso de la película, sino para ayudar a las actrices o actores, porque me lo han pedido, con tal o cual música preexistente. Pero componer toda una banda sonora antes de rodarla creo que es jugártela mucho.

IR: Vamos a pasar a los últimos procesos de la película. ¿Participas en los acabados estéticos?... créditos de la película, diseño gráfico, material para la promoción, carteles...

IU: No, no me gusta mucho y lo suelo delegar. Si me plantean propuestas participo y doy mi opinión, pero normalmente es algo en lo que no me implico demasiado. Hombre, quizá me mojo más con la imagen de la película, el cartel, por ejemplo. Doy mi opinión, otra cosa es que luego me hagan caso (risas). Últimamente lo que sí me pasa mucho es que los productores cambian el título de la película constantemente. Por ejemplo *Llegaron de noche* tuvo dos títulos antes que el definitivo. Cuando empezamos a rodar se llamaba *La casa 15-16*, cuando terminamos de rodar era *La mirada de Lucía* y después acabó llamándose *Llegaron de noche*. Y no es la primera vez que me pasa. Yo defiendo un título pero llega un momento en que se empeñan y digo que adelante. Siempre he considerado que la promoción de las películas es algo de los productores y distribuidores. Ellos no se meten en mi trabajo y yo intento no poner trabas en el suyo.

IR: ¿Te gusta implicarte en la promoción o es una labor de la que te desprenderías con gusto trabajando simplemente en la realización de cada película, como en una fábrica?

IU: Vamos, firmaba ahora mismo. Es que has dado en el clavo, de hecho sería el trabajo ideal para mí, hacer películas una tras otra olvidándome de lo demás. Odio la promoción. No me gusta nada. Y es que, además, cuando vas a un festival y tienes mil entrevistas en las que repites lo mismo una y otra vez, es terrible. Yo entiendo que hay que hacerlo, parto de esa base. Pero no me gusta nada, y cuando puedo evitarlo lo evito.

IR: Y sin embargo fuiste productor de películas como *Secretos del corazón*, que estuvo nominada al Oscar, con todo lo que eso implica a nivel de promoción.

IU: Pero toda esa parte se la comía Andrés Santana, mi socio y el verdadero productor. En ese sentido, mi papel siempre ha sido muy testimonial. La única película que me he sentido de verdad productor y director a la vez fue *La muerte de Mikel*, que fue la primera y… es de locos. Eres el doctor Jekyll y Mr. Hyde. Teníamos muy poco dinero, veníamos del rodaje al hotel y tenía que llamar para seguir recaudando más. Llamaba al distribuidor para que me adelantara algo… Rodamos una secuencia con un accidente de coche en la autovía cerca de Burgos, y yo sentí que todavía le faltaban un par de planos, porque no me dio tiempo de acabarla. Y, a partir de ahí nunca más volví a ser productor y director. Con Santana discutía todos los procesos de producción, pero una vez que empezaba el rodaje me olvidaba del resto. Bastante tormento tiene un rodaje de por sí.

IR: ¿Preparas un discurso por tu cuenta para defender durante la campaña o tiendes a improvisar y dejarte llevar?

IU: De manera habitual te lo suelen pedir los productores y distribuidores. «Tienes que escribir una sinopsis, tienes que preparar tal cosa, te mando unas frases publicitarias que vamos a meter y las corriges...». Y tienes que preparar un material que me da mucha pereza, tardo días... La promoción es la peor fase de todas con diferencia, pero forma parte del juego.

IR: ¿Crees que una película debe ser comprometida con el tema que trata? Es decir, ¿debe tener una postura sobre el asunto con una clara estrategia de manipulación y suma de adeptos? O ¿debe de mostrar unos hechos para que después el espectador juzgue libremente? Por ejemplo, a ti te ha tocado vivir promociones con una base muy política en muchos momentos de tu carrera.

IU: Fue muy intenso con *El proceso de Burgos*, con *La fuga de Segovia* y con *La muerte de Mikel*, con las tres. Recuerdo que, con *El proceso de Burgos* aparecía en todos los medios siendo de Herri Batasuna. En *La fuga de Segovia* resultaba ser de Euskadiko Ezkerra. Y con *La muerte de Mikel* pasé a ser de no se sabe qué... Yo siempre me he intentado mantener fiel a la historia. Es el espectador quien decide lo que la película cuenta. El director no puede adoptar una postura única, dando discursos y diciendo al espectador qué es lo que tiene que ver. Y eso pasa mucho con las promociones, se adopta esa postura y no sé hasta qué punto es bueno. En ninguna de las tres primeras películas había una actitud en «favor de». Simplemente eran películas con una base real.

IR: Eso es positivo en cuanto a que el público identifica el tema y se reconoce.

IU: Sí, pero es un arma de doble filo. Porque cuando un tema es tabú en la sociedad la parte negativa es la que acaba teniendo protagonismo. Cuando se estrenó *Días contados* en Canal+ coincidió con el asesinato de Fernando Múgica, a quien yo conocía, y su muerte me produjo un gran impacto. Al día siguiente Vicente Verdú escribió en *El País* una columna tremenda. Prácticamente me acusaba de apretar el gatillo. Fíjate, un sociólogo, acostumbrado a hacer análisis de todo tipo, generalmente acertados, cae en la trampa de una mala interpretación.

IR: Ahora que estabas hablando de la producción, ¿cómo ha sido tu relación creativa con los distintos productores a lo largo de tu carrera?

IU: En general, te diría que buena. Habría que escuchar a la otra parte (risas) pero, creo que ha sido buena. Ha habido pequeñas cosas como la que te comentaba con *Plenilunio*, pero en líneas generales ha sido positiva. Incluso en los comienzos con Ángel Amigo, que fue una experiencia intensa porque la versión de *La fuga de Segovia* que él retrataba estaba muy basada en sus recuerdos, en su experiencia personal. Ocurría que otros fugados tenían otra visión distinta y a mí me interesaba tener un espectro con más perspectiva. Pero fue una buena colaboración. Donde sí tuve problemas fue en *Adiós pequeña*, que la produjo Javier Inchaustegui. Pero ahí el error fue mío porque no me tenía que haber metido donde me metí. Pero fue una experiencia de la que aprendí.

IR: ¿Cómo ves el papel del productor creativo hoy en día? ¿Es difícil encontrar una figura como Elías Querejeta o Andrés Vicente Gómez en el panorama actual?

IU: Curiosamente estuve a punto de hacer tres proyectos con Elías. Ninguno de ellos salió adelante, pero la verdad es que Querejeta era un personaje muy curioso y muy interesante. Encontrar a alguien así ahora es… casi imposible. Es que lo de las plataformas y las televisiones es… Yo siempre rompo una lanza a favor de RTVE porque apuesta por un cine comprometido y no se meten en ningún aspecto del proceso creativo. En el caso de Euskadi es EITB. Es que es la única forma que queda de hacer cine con cierto margen de libertad. Porque en las grandes plataformas, salvo que seas Bayona en *La sociedad de la nieve*, te van a exprimir y en la mayoría de los casos son procesos creativos muy frustrantes.

IR: Quiero que me hables de la crítica.

IU: Yo solo he escrito una crítica de cine en mi vida, y fue para una revista de fotografía que dirigía Javier Aguirresarobe. Era sobre *Barry Lyndon*, de Kubrick. Y la puse mal. En cambio ahora es una de las películas que más me gustan. No sé en qué cojones estaba pensando en aquel momento… (risas).

IR: El tiempo te da madurez y perspectiva.

IU: En mi caso ha habido un antes y un después muy claro. Y fue a partir de un consejo de Carlos Saura, con el que me llevaba muy bien. Hablando acerca de la crítica me dijo… «Mira, haz una cosa; cuando acabes una película y la estrenes no leas las críticas en ese momento. Ya sé que es muy difícil, pero no lo hagas. Por supuesto, te dirán que el ABC te pone a parir, que *El Diario Vasco* te pone de puta madre, que el otro no sé qué... No leas ni las buenas ni las malas. Haz ese esfuerzo. Y al cabo de seis meses intenta leerlas. Y ya verás como no te las lees» (risas). Y es verdad. Y desde entonces no me leo las críticas en caliente. Hombre, yo entiendo que para alguien que empieza es muy difícil. Yo mismo, en mis primeras películas, recuerdo perfectamente cómo, en el Festival de Donostia, estaba pendiente al amanecer para ir a comprar el periódico. Llegaba el primero al quiosco (risas). Y vas de cabeza. Ahora, con el paso del tiempo las cosas se ven de otra manera. Y cumplo el consejo de Saura a rajatabla, ¿eh? Porque cuando lanzas una película que te ha llevado tres años de tu vida estás con los sentimientos a flor de piel y necesitas distancia, relativizar las cosas. En cuanto a si la crítica en sí debe o no ser independiente de las corrientes de interés de turno me parece que es un dilema sin solución. Es casi una quimera, daría para muchos libros. Ocurre como en la literatura u otros campos. El estilo del crítico de turno también dice mucho de sí mismo. Y tú puedes tener mayor o menor afinidad con él en función de cómo respira, lo que cuenta... En cualquier caso la crítica, como mínimo, debería cumplir una función orientativa. Luego están los estudios, los análisis fílmicos, etc.

IR: ¿Cómo has vivido el papel de la artesanía en la industria a los largo de las décadas? ¿Qué futuro le ves?

IU: En mi trayectoria, el español ha sido un cine muy precario. De hecho hace ya unos años el vasco vivió un auge gracias a los apoyos que tuvo desde sus instituciones y ha podido competir con el tradicionalmente llamado «cine español». Eso se reflejó en la nueva generación del cine vasco, la vuestra, en definitiva. Ese fenómeno era impensable hace unas décadas. Y, claro, ahí hay un gran papel de la administración. Pero, por lo general, yo siempre he visto la industria como algo muy inconstante, salvo momentos puntuales, como Almodóvar o Bayona, por ejemplo. Pero la tónica general ha sido la de un cine precario. El apoyo de la televisión privada fue estimulante en un principio pero al final ha sido como el aliento del diablo, te condiciona mucho el producto. Las grandes plataformas también condicionan mucho el tipo de cine que se hace, salvo excepciones, como comentábamos. Y no me parece bien. Y, por otra parte, el cine de autor se ha refugiado en las producciones pequeñas, como algo muy testimonial, casi exclusivamente de festival. Se ha polarizado todo mucho. Y si tengo que hablarte del futuro, pues no sé qué cojones decirte, la verdad... (risas).

IR: Hablando de plataformas, ahora iba a preguntarte acerca de los formatos narrativos. Llevamos un tiempo viviendo la dicotomía cines *vs* plataformas... Hay quien ha dicho que la prosa cinematográfica se ha instalado definitivamente en la televisión. ¿Cómo ha afectado todo esto en la forma de trabajar, método... a nivel de estilo? ¿Crees que, narrativa y profesionalmente hablando, en vuestros tiempos existía una forma de abordar el material que en la época actual ya no existe?

IU: Sí, lo que pasa es que yo he tenido la gran suerte de seguir un tanto a mi bola, dentro de lo que cabe. No he estado trabajando para ninguna plataforma, que yo recuerde, dejando a un lado las participaciones de películas en las que han entrado. Pero en esos casos apenas opinan o no tienen la última palabra. He querido hacer algún proyecto con alguna plataforma pero no ha salido.

IR: Hay directores que se han adaptado muy bien a estos cambios, como Enrique Urbizu, por ejemplo.

IU: Sí. De hecho lo hace muy bien. Yo, sinceramente, no me acabo de ver en esos mundos.

IR: ¿Ves un cambio generacional a nivel estilístico y en la forma de asimilar la imagen?

IU: Yo lo veo más como una evolución. Se habla mucho de la ruptura estilística, pero muchas cosas que ves en las plataformas ahora ya se hacían anteriormente en el cine comercial americano. En cualquier caso no ha aportado nada nuevo, eso seguro. Lo que sí ha cambiado radicalmente es el consumo. Pantallas, móviles, etc.

IR: En los 80 trabajaste para la televisión. Por ejemplo hiciste *La luna negra* que, junto a *El cura de Bargota* de Pedro Olea, componían la aportación española a la serie europea *Sabbath*.

IU: Sí, también hice *La mujer gafe*, dentro de la serie *La mujer de tu vida*, y *El crimen del expreso de Andalucía*, que pertenecía a *La huella del crimen*. Pero creo que de las tres la mejor es *La luna negra*.

IR: Javier Aguirresarobe dijo que tenía un nivel de calidad que superaba el umbral exigido a una película prevista para su pase por televisión. La recuerda como una experiencia memorable.

IU: Es que, de hecho, se estrenó en salas. Pero la forma en que se hacían estos capítulos para la televisión no tiene nada que ver con el modo en que se hacen ahora. Era otro mundo. Al final rodabas de la misma forma en que lo harías en una película normal, o al menos lo intentabas. Ahora las plataformas establecen otro organigrama.

IR: ¿Existe también el famoso temor a que no suene el teléfono? ¿Te ha representado algún agente?

IU: Pues realmente no he tenido agente hasta hace pocos años. Y es curioso porque, como te decía antes, desde que salí de la escuela de cine no he trabajado en otra cosa que no sea dirigir películas. Ahora, en este caso, y también con la edad, me ha venido bien, sobre todo una vez que cerré mi parte de la productora con Santana. La propuesta de mi anterior película, por ejemplo, me vino a través de mi representante así como también esta, en la que estoy trabajando ahora. Ocurre también que éramos amigos de antes y al final este oficio también te lleva de un lugar a otro.

IR: Michel Ciment hablaba con Kubrick y le exponía… «Usted es un innovador, le obsesiona aportar cosas nuevas pero a veces es muy consciente de las tradiciones». Y Kubrick respondía… «Una de las cosas que caracteriza a los grandes fracasos del siglo XX, en todos los ámbitos del arte, es la obsesión por la originalidad. Innovar significa avanzar pero no significa abandonar la forma clásica, la forma de arte con la que trabajas». El post-milenarismo presume de no tener ningún conocimiento cinéfilo. De hecho J.A. Bayona habló en los medios preocupado por este asunto.

IU: Es crucial tener un bagaje cultural como sustrato. Para romper la baraja primero es importante saber lo que estas rompiendo, como dice Kubrick… Yo soy muy poco optimista con el futuro, la verdad.

IR: Rodar en fotoquímico en España se ha convertido en artículo de lujo pero aun así existe una reivindicación para recuperar una forma de hacer cine que les fue arrebatada con la imposición o dictadura del digital.

Me comentabas antes que tu salto al digital fue en líneas generales positivo. ¿Cómo viviste la transición de película a digital?

IU: Al principio el digital era vídeo y la calidad era bastante mala, equiparable a la televisión. Hubo una evolución tecnológica, un momento de auge, y llegó el digital de «calidad». Y nosotros nos sumamos a ello con *Miel de naranjas*. Para mí ha sido positiva la entrada del digital. Incluso lo prefiero. Todos mis compañeros no daban crédito cuando hablaba de esto. Muchos directores de fotografía te dicen «eso es una blasfemia» (risas). No. Es otro soporte que me permite trabajar de forma distinta y a mí me ha venido bien. ¿Tiene sus defectos? Por supuesto. ¿El fotoquímico tiene sus virtudes? También. Hombre, como dices, hay mucha gente que está volviendo a rodar en cine. Es bueno que las opciones convivan pero hay veces que por circunstancias económicas no es posible… Lo que sí me pasa es que veo muchas películas de antes y me doy cuenta de la factura que tienen, que siguen «vivas». Te preguntas qué es ese «no sé qué» y te das cuenta de que lo que ocurre es que están filmadas en película.

IR: Es cierto. Hubo un «boom» en 2010. Y todo el mundo quiso emular el aspecto del celuloide pero en digital, para evitar costes y facilitar el flujo de trabajo. Roger Deakins, el director de fotografía, es muy elocuente al respecto, de hecho es de los pocos que se ha mantenido al margen de modas, estéticamente hablando. Decía que… «Si te decantas por un soporte hay que abrazarlo tal y como es sin intentar maquillarlo ni forzarlo para que aparente otra cosa que no es». Hay mucho revival. Modas estéticas del pasado a la hora de realizar una película que se usan como herramienta y tendencia… «darle un aire de…», usar ópticas antiguas, añadir grano para darle un «aire» de película. ¿Crees que lo postmoderno se ha convertido en algo generalizado?

IU: Yo huyo de todo eso. Estoy con lo que dices. Si ruedas en un soporte no intentes aparentar otra cosa.

IR: No quiero acabar sin hablar antes sobre el liderazgo creativo a lo largo de la historia del cine. Hace ya un par de décadas que hay una corriente dominante del guionista como líder creativo de contenidos de ficción. ¿Quién o «qué» crees que tomará el relevo?

IU: Hombre, ya lo estás sugiriendo con ese «qué», ¿no? Tiene toda la pinta que va a ser la IA (Inteligencia Artificial) (risas) No lo sé. Es que es un mundo muy caprichoso. Fíjate las vueltas que ha dado la historia del cine desde sus orígenes. Los y las guionistas mismamente, han pasado de ser históricamente los más ninguneados a ser los amos. Hay un problema muy grande con la inteligencia artificial. De hecho la huelga de SAG-AFTRA de 2023 viene de ahí. Los estudios se cogen la propiedad de crear personajes hasta con la imagen de actores fallecidos. Es demencial. No es un futuro nada halagüeño. Tiene mala pinta, viendo cómo funciona todo… Estamos en un momento del péndulo muy chungo.

IR: Discurso crepuscular…

IU: Es muy propio de mi edad tener una visión crepuscular. La vida te va dando golpes y sabes qué es lo que te encuentras. Los futuros cineastas lo tenéis muy jodido.

IR: Voy a acabar con preguntas bastante directas centradas en tu filmografía. ¿Cómo crees que han envejecido o envejecerán tus películas?

IU: Es que no las vuelvo a ver. Bueno, las veo cuando no me queda más remedio, por algún coloquio, etc. Parece que es una boutade, pero tan importante ha sido el recorrido de hacer esas películas como el resultado. Dejando a un lado el caso de *Adiós pequeña*, he disfrutado con todas, haciéndolas. Sé qué películas tuvieron éxito en el momento del estreno pero no sé cuáles serán las que mejor envejecerán.

IR: ¿Cuál dirías que es tu mejor película?

IU: Voy a decir tres. Me resulta muy difícil analizar el nivel de las películas, pero analizándolo fríamente yo creo que voy a elegir tres películas de tres décadas distintas. *La muerte de Mikel*, *Días contados* y *Lejos del mar*.

IR: ¿Y aunque no sea la mejor, la que mejor te representa?

IU: En alguna medida creo que *Extraños*, aunque es una película muy irregular. Además su historia es muy curiosa, porque el origen fue un proyecto que me ofreció Enrique Cerezo, para adaptar *La soledad era esto,* de Juan José Millás. Trabajé muy bien con Millás en el guion pero, tras dejarlo reposar, al final no lo veía claro y dije que no lo haría. Entonces Cerezo me dijo que tenía que hacerlo como sea. Total, me dejó libertad plena con el guion y en ese momento apareció Lourdes Iglesias (hermana de Alberto Iglesias). Muy influenciados por el psicoanálisis y el azar llevamos ese material a terrenos insospechados. Hubo muchos errores y muchos aciertos. Yo, además, vivía una época personal complicada y eso influyó en el tono de la película. Pero la disfruté mucho. Y, repito, es una película muy irregular.

IR: Aunque adivino la respuesta, ¿la película que menos orgulloso te hace sentir?

IU: *Adiós pequeña*. Yo asumo todas mis películas pero casi no la siento ni como mía. Pasaron tantas cosas, y tan malas... Tenía que haber dicho que no desde el principio. Bueno, es de la que más he aprendido. Desde aquel momento no he dejado que las cosas se desmadren y que eso me afecte. Es que dirigir una película en la que no crees, que ves que todo se te va de las manos... es la peor tortura a la que te puedes someter.

IR: Tres películas y tres cineastas.

IU: John Ford, John Ford y John Ford (risas).

IR: Como Orson Welles.

IU: Como Orson Welles… pues John Ford, Luis Buñuel y… Akira Kurosawa. Me da pena que se quede Kubrick en el banquillo. ¿Pueden ser cuatro? (risas) Y películas… *Pasión de los fuertes* (*My Darling Clementine*), que me parece que sigue siendo una bomba, *El padrino* (*The godfather*) y *Los cuatrocientos golpes* (*Les Quatre Cents Coups*). Me da pena no meter una de Kubrick una vez más. *Barry Lyndon* quizá… No sé si sabes la anécdota del doblaje de *La chaqueta metálica* (*Full metal jacket*). Recuerdo que coincidí esos días en Tecnison con Mario Camus, que dirigió el doblaje a petición expresa de Kubrick, porque este quería al director de *La colmena*. Bueno, el tema fue que hubo una confusión porque con quien realmente quería trabajar era con el director de *El espíritu de la colmena*, es decir, con Víctor Erice (risas). Kubrick debía de ser muy maniático. Me acuerdo de que le dedicaron un ciclo en la semana de cine de Cuenca y en la copia de *Barry Lyndon* que enviaron para el proyeccionista llevaba adjunta una carta de la oficina de la Warner de Londres especificando todo tipo de detalles; qué voltaje debía de tener la lámpara, el formato exacto, el volumen… Todo un personaje este Kubrick.

IR: Los doblajes españoles de Kubrick son capítulos aparte. *El resplandor* (*The shining*), por ejemplo, con Joaquín Hinojosa y Verónica Forqué, que ha sido tan criticada. En realidad, si la comparas con la versión original te das cuenta de que los tonos de voz son muy similares.

IU: Los doblajes, por norma general, son terribles.

IR: Eugenio Trías fue un firme defensor de su última película, *Eyes wide shut*, a la que no se le hizo mucho caso pero que cada vez tiene más prestigio. Es una película de culto. Me parece que está misteriosamente emparentada con *El resplandor*. Y en cierta forma también con *Barry Lyndon*, que tu citabas, incluso con *2001: Una odisea del espacio*. Más que películas parecen universos, ecosistemas… No sé si sabes que *Eyes wide shut* se ha convertido con los años en una especie de película alternativa de navidad.

IU: Película oscura para ver en navidades (risas).

IR: Las listas de películas alternativas siempre están al alza. Sobre la marcha, estoy pensando que otra película navideña alternativa podría ser *Fanny y Alexander* (*Fanny och Alexander*) de Bergman… Es una película-universo donde las haya. *Doctor Bull* de Ford podría ser otra también…

Muchas veces el cine tiene ese componente de «universo» al que se regresa de vez en cuando, como una especie de refugio, un espacio al que vuelves una vez y otra vez. Ver una película de nuevo es como volver a un espacio conocido. ¿Te ha pasado eso alguna vez?

IU: Es una de las ventajas del cine, tener el placer de volver a lugares con los que conectamos y aprendemos cosas nuevas en cada «visita».

IR: Creo que era Garci quien decía que su cinefilia comenzó así, con esa vida «de repuesto» que eran para él las películas. Ya que lo has citado, no sé si sabes que existe una versión de *My Darling Clementine* que se cree que es más fiel a la visión original de Ford que la versión del estreno, con cambios ordenados por Zanuck. Hay diferencias importantes en las actuaciones, la banda sonora, los diálogos... Zanuck era un gran productor creativo, y Ford tuvo una carrera bastante fecunda con él. Aunque tuvieron muchas diferencias.

IU: Si la que ha prevalecido es la opción no deseada y encima es una obra maestra dice todo sobre su director. John Ford es el gran director americano por excelencia.

IR: Me estoy acordando de nuevo del libro que Javier Aguirresarobe te dedicó hace años y que hemos citado antes. Allí se reproducía un mensaje que Manolo Matji te envió con motivo del estreno de *Días contados*, que decía... «Aquí hacemos solo las películas que se pueden hacer, describimos un paisaje pequeño, monótono y sin ambición en los límites de lo posible y lo seguro, pero nunca resultan. Nadie se atreve a traspasar esos límites y cuando se intenta (lo sé por experiencia) los resultados son insuficientes, decepcionantes, sin vuelo. Disfruto estas líneas porque en mi modesta (pero al fin y al cabo autorizada) opinión *Días contados* tiene todo lo que falta en el cine español de cada día: riesgo, inspiración, sinceridad y talento. El resultado es explosivo y conmovedor. Me pudro de envidia».

IU: (Risas). Eso no se olvida nunca. Esta cita de Manolo es una buena forma de acabar.

Enrique URBIZU

(Bilbao, 1962)

Imanol Rayo: Enrique, tanto Pedro como Imanol se formaron en la Escuela Oficial de Cine (EOC). La de Uribe fue la última promoción porque, a partir de ahí, se decidió que los estudios de cine se cursasen en facultades universitarias. Tú eres un ejemplo de esto último, aunque en realidad estudiaste periodismo...

Enrique Urbizu: En mi época, en Bilbao no había posibilidad de estudiar cine. En los cursos 4º y 5º, la carrera de periodismo se bifurcaba y tenías la posibilidad de estudiar publicidad (el grado era de cinco años). Eso era lo más cercano al audiovisual que podíamos encontrar en aquel momento. Nos apuntamos Luis Marías, algún otro y yo. Y ahí, en 5º curso, estudiamos cine, en la asignatura de Santos Zunzunegui, que estuvo muy bien. Pero no, no había estudios de cine. Hasta entonces, yo no había recibido formación sobre cine más que en el colegio de La Salle, que pedimos a un cura –que sabía de este arte–, que nos diera clases fuera del horario lectivo. Y fueron muy útiles. Ese fue el primer contacto con el lenguaje y con las ópticas, con cosas ya prácticas. Y fue cuando empezamos a hacer cosas en Super 8... Y a ver y a leer todo lo que caía en nuestras manos, fue una época prodigiosa. Porque eso nos pilló en la preadolescencia, cuando el país entero se abre, muere Franco, se reestrenan Visconti, *La naranja mecánica* (*A clockwork orange*)... La cartelera y la programación televisiva eran un vergel, y lo supimos aprovechar. Estábamos todo el día metiéndonos cine. Pero sin embargo no había dónde estudiar y la carrera de Bellas Artes todavía tampoco tenía audiovisuales.

IR: *Tu novia está loca*, tu primera película, es una *screwball comedy* al estilo Hawks...

EU: Es pura «screwball comedy».

IR: Y tu segunda película es *Todo por la pasta*, que aun siendo un thriller también tiene un gran componente de comedia.

EU: Los directores que más me han interesado y que más me han gustado en la etapa formativa inicial era toda la gente que trabajaba de encargo así como todo lo de serie B… A mí me gustaba Terence Fisher, me gustaba Raoul Walsh, nos gustaba mucho Howard Hawks, veíamos mucho cine mudo… En esa primera etapa formativa, la autoría europea y demás nos resultaba aún bastante ajena y lejos de nuestra vocación de cineastas. Nos gustaba el género, nos gustaba el cine negro y era lo que imitábamos cuando hacíamos los Super 8 y demás. *Tu novia está loca* es casi un auto-encargo. Lo mejor de aquello fue conocer a la gente de Creativideo, Joaquín Trincado o Ana Murugarren, que luego fueron productores. Ahora ella es también directora. Un grupo que veníamos de Super 8 y esta gente, que ya tenía una empresa de vídeo, hicimos piña. Luis Marías tenía y tiene gran mano para la escritura. Yo iba para dirigir sí o sí. Es decir, ese núcleo duro, junto con la ayuda inestimable de Antonio Resines, permitió hacer una película factible en cinco semanas de rodaje, una screwball comedy, artificiosa y, de fondo, latente, un thriller. Porque todos queríamos hacer uno en Bilbao. Nosotros hacíamos thrillers en Super 8 y nos sentíamos cómodos en el género porque, además, eran denuncias políticas. Bilbao, entonces, era un escenario perfecto para hacerlo. Si ves ahora *Todo por la pasta* puedes ver un físico de la ciudad que ya no existe. Y eso es interesante. Es una película que habla de los GAL, incluso antes de que la prensa hablara de ello, y con un sentido del humor muy de Chester Himes, de novela negra, casi surrealista… Esos secundarios, esos submundos…

IR: Si hay algo que podemos afirmar del cine del siglo XX es que ha estado dominado por la forma de la novela del siglo XIX, y que ha tenido una decadencia progresiva hasta encontrarnos con el dominio de las plataformas y sus series y películas de consumo. Gilles Lipovetsky decía ya en *La era del vacío*, en los años 80, que este tipo de conservadurismo trae como consecuencia una sociedad progresivamente más blanda y con menos criterio y herramientas.

EU: Totalmente. Y esto sigue siendo una premisa que habita fundamentalmente en los despachos superiores de las grandes plataformas y productoras audiovisuales, como dices. Ese, creo yo que es el gran combate por entablar tanto desde la docencia como desde la práctica de mi oficio. Hay un gran interés en que la gente no sea consciente de que la imagen se construye, se dirige, tiene sentido y está organizada.

IR: El poder siempre ha querido tener dominadas a las masas.

EU: Es cierto. Y si te fijas en el panorama, la gente consume imágenes de una manera totalmente inconsciente, cada vez desde más pequeños. La enseñanza en la escuela de la forma de la comunicación audiovisual desde niños, que se nos antoja imprescindible desde hace ya décadas y que en algunos países algo se hace, aquí es absolutamente ignorada. Cada vez tenemos más espectadores peor formados y, desde luego, más desconocedores, más apresurados, más impacientes, sin espíritu crítico y menos capaces de enfrentarse a la lectura de textos más densos. En la Escuela de cine cuesta que alguien se atreva con un Tarkovski, por ejemplo. Algo que ahora se dice «lento». Un Dreyer... Te encuentras con que las promociones de los cineastas del siglo XXI, la mayoría, son vocacionalmente ignorantes de los más de 100 años de historia del lenguaje audiovisual. Ahora hay una narrativa que se ha impuesto, de planos muy breves, de un montaje cada vez más inasible, aturdidor... Y esto, en gran parte, viene también de los éxitos de las plataformas televisivas, el vaciado de las salas y un consumo rápido, urgente, irreflexivo y fácil en cuanto al contenido. Y esta pelota es cada vez más grande. No es una novedad, siempre ha sido así. Pero antes había un plató en la otra balanza, que era la sala. Todavía está el cine asiático, el cine europeo, alguna parte del cine americano... Pero miras a la gran industria y no paran de producir tonterías, como las de la Marvel Studios. Y eso afecta al lenguaje y, evidentemente, al espectador.

IR: Precisamente muchos se preguntan en qué punto ha quedado el término «cine» en todo este asunto. Si, dentro de esa amalgama audiovisual, sigue existiendo. Me gustaría que me definieras el cine ¿Qué es el cine? ¿Es un medio de exploración de formas, un medio para contar historias, la eterna quimera del equilibrio entre ambos?...

EU: Todo eso es indisociable. Es que esa es una batalla resuelta hace mucho. La forma es indisociable del contenido. La forma debe albergar, ampliar, sustentar, incluso discutir, por qué no, con el discurso. Eso, incluido en el cine de Hollywood, en los realmente buenos, es indisociable. El discurso de una película de John Ford evidentemente tiene que ver con las texturas, los ritmos, los personajes, los paisajes. Si eso no es indisociable, no funciona. No hay ningún interés, por mucho que hagas un producto de encargo y de artesano.

IR: ¿Crees que cada película es obligatoriamente hija de su tiempo? ¿Muestra los intereses o preocupaciones de los creadores de ese periodo?

EU: Sin duda, sí, aunque no lo quiera. El contexto histórico y social de los textos, precisamente ahora, en esta época que se revisa todo –que si han dicho tal palabra, que si fuma, que si lo otro…–, tiene que ver con todo esto. Hay que ponerse en el sitio y analizar el producto en su contexto. Te pones a ver cine mudo alemán de los años 20 y tienes que tener en cuenta las vanguardias que barrían Europa en ese momento, ¿no?, o, ¿qué estamos viendo si no? Eso también es cultura general. De nuevo el papel de la escuela, el abandono de las humanidades, el desastre al que estamos asistiendo, gobierne quien gobierne. Lo que se ha conseguido es que, no ya que no se conozca, sino que se desprecie el conocimiento. Luego está ese acceso ilimitado al supuesto conocimiento que te da la red, que es el *fake*, el espejismo que hace que tú creas que, si por ejemplo, buscas una receta de tortilla de patata en la red, vas a saber hacer una tortilla de patata. Y finalmente está el último cartucho de demolición que es la IA (Inteligencia Artificial) que está devastando el sistema educativo. En las universidades ya los profesores se dedican a la caza del trabajo hecho en IA, cosa que se promociona desde las alturas. Entonces te preguntas… «¿qué es lo que buscáis?».

IR: Siguiendo el hilo de la anterior pregunta, ¿una película debe ser útil únicamente en el momento en el que sale a la luz o debe de perdurar y ser útil en el futuro?

EU: Esa es la prueba del algodón. Las películas se juzgan muy rápidamente cuando salen, y la crítica lo hace al día siguiente. El tío la ha visto una vez y ya te escribe un folio y medio de «tal y cual» y de las intenciones del director. Lo sabe todo. Es un genio. Y, claro, las hemerotecas están llenas de curiosidades. Yo recuerdo cuando se estrenó *El cazador* (*The deer hunter*). Si ves la crítica del *Dirigido por…* Bueno, le cayeron por todas partes. El tiempo pone casi siempre las cosas en su sitio. Evidentemente, el cine puede envejecer bien o mal y las coyunturas de la época generan éxitos que dos años después han desaparecido. ¿Qué película ganó el Oscar hace dos años? ¿Quién ganó la Concha de Oro de San Sebastián? Las cosas van a todo meter. De pronto lees… «Una película coreana que ha reinventado el cine». Al año siguiente dices. «¿Y este tío dónde está?».

IR: El consumo está muy relacionado con todo lo que dices… Háblame sobre tus influencias (cinéfilas o no, ya sean estéticas, artísticas, sociales…).

EU: A estas alturas es un infinito campo de nardos. Tienes el disco duro abarrotado. También debido a la docencia, durante los últimos 20 años, tienes la fortuna de ir ampliando las influencias, no reduciéndolas. Sintetizas lo que tú haces, cada vez haces con menos. Pero las influencias siguen ampliándose, por suerte. Aunque se mantienen las de siempre. Bueno, en mi caso están la nitidez narrativa, la ausencia de retórica, el ir directamente al «turrón», el respeto infinito por los personajes de la historia... Lo más importante es lo que pasa delante de la cámara. La preocupación constante por un respeto por el lenguaje, porque es mi lenguaje, el del audiovisual, el cine, que es sagrado, haga televisión o no. Y es esa propuesta permanente de diálogo de la película con el espectador. Si lo traduces en influencias, pues empieza en D.W. Griffith y acaba en David Lynch o Michael Mann, por decirte algo.

IR: Si lo viéramos desde una perspectiva histórica, ¿en qué movimiento artístico te encontrarías más cómodo? Arte clásico, barroco, romanticismo, vanguardias...

EU: No lo sé. Creo que soy un cineasta de raíces clásicas... La casa está llena de libros de arte. Es una materia que predico mucho también en la docencia. Que miren pintura, que vean escultura, que se fijen en todo, en los edificios... Muchas veces les llevo el modelo del libro de Frank Gehry sobre cómo parió y construyó el Guggenheim de Bilbao. El libro es una obra maestra, presenta el proceso de trabajo en equipo, las confluencias de artesanías, de soluciones, de problemas sobre la marcha, nunca pensados... desde el recubrimiento, que nunca lo habían hecho ni sabían con qué metal hacer toda esa maravilla. Al final, una cosa que empieza con un dibujo de una noche en un hotel acaba en eso. Y el libro recoge ese proceso... Y de «leer» un cuadro y de la composición de la imagen, códigos de colores, todo eso...

IR: Michel Gaztambide me ha dicho alguna vez que eres aficionado a recoger citas...

EU: ¡Habló! (risas). Bueno, he leído y leo muchos libros de cine. Y tengo buena memoria para algunas cosas. Y las citas son útiles para las clases. Las suelo llevar apuntadas por ahí.

IR: Vamos a hablar sobre el estilo. Se dice que existen dos tipos de estilo, el forzado (de pose), o el verdadero (que surge sin pretenderse). ¿Qué opinas? ¿Crees en el estilo de tus películas?

EU: El estilo viene de la historia, del tema, del fondo. El estilo no lo marcas tú. El estilo lo descubres buceando en el alma de la historia, en el ritmo, en cómo son los personajes, qué vida llevan, dónde transcurre esa vida. Toda esa suma de impulsos fotografiables por un lado e invisibles por otro, es lo que debe dictar la forma de una película. *Río Bravo* no puede tener encuadres rebuscados. Es una historia lineal, horizontal, extendida, calma. No hay histrionismos, no hay un clímax estruendoso. Ese respirar tienes que buscarlo tú en tu historia. Claro, el catalizador de esa búsqueda eres tú, con tus vivencias, tu sensibilidad, tu oficio, tu cultura, tu *background*, etc. Y eso te dará un punto de vista personal sobre el material. Y si no lo tienes, lo podrás rodar... Pero dirigir es otra cosa. Dirigir es tomar una posición con respecto al material y llevar el relato y tener lo que R.L. Stevenson llamaba la «estaca», el palo de madera bien clavado. La estructura firme. Y después, alrededor de eso te planteas... ¿esto qué es?, ¿cómo quiere ser? Eso te lo da la historia. Esta debe ser la principal diferencia. Doblarte tú al material como director, cineasta, o doblar el material a tu capricho de artista. Yo estoy al otro lado y estaré siempre, toda mi vida, doblándome al servicio del material, que es lo divertido.

IR: Ahora que citas *Río Bravo* de H. Hawks, es una película muy extemporánea para su época, no era el cine que dominaba la industria, como tampoco fueron las posteriores *El Dorado* o *Río Lobo*. Pero, en cambio, es un cine que con los años se ha mantenido muy bien. Es una contradicción porque se las tildó de «viejas» cuando se estrenaron pero ahora ya no lo son.

EU: Es que son buenísimas. *El Dorado* es una joya. Es que establecen una complicidad muy afable con el espectador, y eso se conserva bien.

IR: Vamos con un comentario de Spielberg. Cuando le preguntaban qué consejo dar a alguien que quisiera dedicarse al cine, les decía a los alumnos que olvidaran el concepto de estilo, que no se preocuparan por ser artistas y aceptaran cualquier trabajo que les propusieran. Que el tiempo diría si llegarían a serlo o no. Al fin y al cabo nuestra personalidad se manifiesta en cada uno de nuestros actos, la gran mayoría de ellos de forma involuntaria o inconsciente. Es decir, sin pretenderlo. Con lo cual, todo lo que hagamos hablará irremediablemente de nosotros sin que podamos evitarlo.

EU: Y está bien dicho. No sabía que Spielberg diera clases, pero me alegro. Sí, eso es así. Pero el alumno, en esas edades, también se está buscando a sí mismo. Tiene ganas de autoafirmarse. No solo el director, el guionista, el alumno de fotografía... Eso es muy apasionante. Yo, que doy clases en la ECAM (Escuela de Cinematografía y del Audiovisual de la Comunidad de Madrid), lo veo a diario. Esa negación de base. Punto número uno...

«niega todo lo que te digan, por principios». Punto número dos: «exprésate a ti mismo, busca tu propia voz». Y, claro, tú te empeñas en... «primero personajes, luego secuencia y luego la cámara». Y ellos, por supuesto, lo primero que quieren es la cámara y demás. Esto en el joven alumno es natural y yo creo que sucede en todas las especialidades. Eso también te cambia el punto de vista sobre la docencia, donde no hay siempre una sola forma de hacer las cosas.

IR: Rudolf Arnheim también decía aquello de que «La buena forma es la que no se nota».

EU: La forma debería venir, como dijo el otro, con la «verdad». Si rozas la verdad en el set, la forma acertará. Pero, claro, eso sucede a veces.

IR: ¿Cuánto crees que tiene el cine de oficio aprendido y cuanto de «genio»?. Se puede disociar realmente a los genios y artesanos como se ha hecho históricamente?

EU: No sé lo que es un genio. Conozco artesanos que rozan la genialidad, «genios» que no sabrían hacer nada que no fuera lo que ellos hacen. O sea, la «multidisciplinariedad» o como se diga... Yo creo en el oficio. Yo veo a Lynch, que ha sido un creador de formas y un explorador de fronteras toda su vida, que rueda de puta madre y cumple el plan. Hace su trabajo fenomenal, no va un día con dolor de cabeza y dice... «hoy no rodamos». Eso no es así. Y tiene un mundo propio y una manera de comunicar esas ambigüedades que él trabaja, de romper ortodoxias y demás. ¿Única? Pues sí. ¿Inimitable? También ¿Que sea un genio? No lo sé. Ahora, es un narrador de una eficacia total. Es un técnico sublime, es muy buen artesano y, de hecho, empezó haciendo cine artesano, con *Cabeza borradora* (*Eraserhead*). Cinco años en un garaje con dos colegas. Eso es maravilloso.

IR: Y *El hombre elefante*, que es artesanía ya de industria, y una magnífica película.

EU: Bueno, espectacular. Y es un encargo. También *Dune*, que recuerdo que, cuando se estrenó, le dieron hasta en las encías. Y ahora la reivindican en todas partes. Es un ejemplo claro de lo que decías de Spielberg. No puedes controlar todo lo que haces.

IR: Antes de pasar a temas de la realización de las películas, te voy a plantear hablar de taxonomías. Santos Zunzunegui y Asier Aranzubia establecen un juego de alumno-maestro en el libro *Conexiones*. Mientras que Zunzunegui habla de la división de cineastas entre los que «restan» y los que «suman», Aranzubia habla de los «arquitectos» y los «jardineros». Zunzunegui riza el rizo y plantea una tercera taxonomía parafraseando a André Bazin... los que «creen en la imagen» y los que «creen en la realidad». Y finalmente, el propio Zunzunegui rompe una lanza en favor de Ford, invocándolo... «Hay que hacer una excepción con el caso de John Ford. Si hay en la historia del cine alguien capaz de reunir lo mejor de las dos sensibilidades apuntadas, para el que la amplitud de planteamientos nunca fue un desdoro de la profundidad, ni la altura de su mirada se hizo en detrimento de la emoción más intensa, ese sería el caso».

EU: Bueno, y el de 150 más.

IR: Yolanda Ruiz de Larramendi, mi profesora en la escuela de cine, planteaba la taxonomía de los «apocalípticos» y la de los «integrados». Los «apocalípticos» serían los cineastas que están al margen de la industria, peleando por abrir lanzas. Y los «integrados» los que trabajan dentro del sistema.

EU: Pero hay gente trabajando dentro del sistema muy rebelde, muy a contrapelo y jugándosela con la industria permanentemente. David Fincher, que no es santo de mi devoción, a veces me parece que hace un peliculón y otras lo mataría a palos. O Lynch, que ya he comentado. Entiendo que los críticos necesitan estanterías. Pero las estanterías son muy blandas, son porosas y no es tan fácil colocar a una persona ahí. Pero hay gente que habla desde una torre de marfil mirando a los insectos de abajo. Y es una forma muy elitista de enfrentarse al cine... «tengo una vara de medir y de ahí todo para abajo es mierda despreciable». Eso es una estupidez. Podrían completar una lista de películas y cineastas prescindibles. En vez de completar la de los 100 mejores, podrían elaborar la de los 100 prescindibles. Se quedarían tan a gusto.

IR: Vamos a empezar a centrarnos en los aspectos de la realización. Empezaremos con el «tema». ¿Toda película gira necesariamente en torno a un tema? ¿Toda película contiene un mensaje? ¿O, por el contrario, debe plantear preguntas?

EU: No sería yo tan exacto con eso. El «tema» es un asunto muy resbaladizo. Yo te diría el «alma», que es una suma del tema, el latido, lo intangible que puede respirar, lo que debe respirar la historia. Y luego está de lo que nadie habla nunca, que creo que es el primer y fundamental rasgo de estilo que, repito, nunca tenemos en cuenta, que es el presupuesto. Porque puedes tener *Los hermanos Karamazov* y cinco duros. Entonces el tema sigue siendo *Los hermanos Karamazov* y sus cosas, sí, pero la forma y la expresión va a ser muy diferente.

IR: Era José Luis Borau quien decía que al cine español siempre le «faltaban» planos, ¿no?

EU: Claro, porque Borau era un sabio… Pero no todas las películas tienen por qué tener un «tema». Hay películas y obras maravillosas y ese es el tema, no el tener tema. Las parodias de *Austin Powers*, yo qué sé… Y aun así habría que darle una vuelta. Lo que no nos debe llevar eso es a la conclusión de que las películas son tesis en torno a un tema. ¿Qué es un tema? ¿Soledad? ¿Incomunicación? Puedo hacer el *Joker* con eso. O puedo hacer *El quimérico inquilino* (*Le locataire*). O puedo hacer *Repulsión*. O *El autor* de Manuel Martín Cuenca… *La chaqueta metálica* (*Full metal jacket*). ¿Cuál es el tema de *La chaqueta metálica*? ¿La guerra? ¿Vietnam? No, es la desaparición del individuo para formar parte de la máquina colectiva. El ser humano contra una inteligencia superior, una estructura superior. Y al final te detiene una china en sandalias con un Kalashnikov. O sea, de nuevo, el ser humano de cierre… Y si ves la película formalmente, así está expresado. Me acuerdo de la discusión en el despacho con Paolo Vasile cuando leyó el guion de *No habrá paz para los malvados*. Me dice… «Umberto Eco decía que el tema tiene que caber en una caja de cerillas. Y esto no cabe en una caja de cerillas». Había que salir del paso y le digo… «Un payaso salva al mundo», ¿qué es lo que define la película?. El orden es imposible. O sea, dependemos del caos. En este caso, un imbécil, un hijo de puta, un borracho asesino, salva al mundo y ni se entera. Y eso sí cabe en una caja de cerillas. Y eso nos salvó, esa frase. Estas frases las necesitan mucho en los despachos, a los cineastas no nos sirven de gran cosa. Te dicen… «defíneme tu película». Esto en América es así. «Tienes un minuto». El famoso *pitching*. Hasta en la ECAM les enseñamos a hacer *pitching*, para que veas cómo es el asunto.

IR: ¿Cómo te aproximas a tus proyectos, desde el tema o argumento o desde el aspecto que va a tener? ¿Cómo ha surgido el primer destello de tus proyectos? ¿Se repite en todos?

EU: Realmente siempre hay imágenes en los inicios. Aquí habría que diferenciar dos casos, si me pongo a trabajar en una historia y un guion desde el inicio, como por ejemplo con Michel, con un interés compartido por un territorio como fue *La caja 507* o si te llega un proyecto que está en desarrollo, véase *Gigantes*, donde te ofrecen un guion que ha gustado en Movistar y que hay que reescribirlo entero. Colaboras con otros guionistas, en este caso Miguel Barros y más tarde se sumaría Michel, pero el material no ha sido generado inicialmente por ti. Yo no diferencio en esos procesos mi manera de trabajar. Y, generalmente, surgen imágenes, texturas, colores y demás. Se empiezan a acumular. A veces las reunimos en lo que llamamos un «corcho», que es una especie de collage. Puede ser en fase de guion, puede ser en fase de preparación, es una cocción muy lenta. Vas reuniendo piezas, por así decirlo y, por resumirlo de una manera aproximadamente metódica, vas de lo «grande» a lo «pequeño».

IR: ¿Cuánto tiempo le dedicas a escribir un guion desde la primera idea hasta la versión de rodaje? ¿Eres disciplinado en esa labor, dedicando diariamente una serie de horas e igual franja horaria a la escritura?

EU: Yo creo que Michel y yo tenemos el récord con el guion de *La caja 507*. Fue un año y medio. Yo no sé si fueron 9 o 12 versiones, no lo recuerdo. Sé que la 6ª o la 7.ª la dejamos reducida a 12 folios, Es decir, la destruimos y la volvimos a empezar. Eso fue más de año y medio de curro. Por contra, en *No habrá paz para los malvados* nos costó mucho el argumento, pero menos el guion. Normalmente pasamos mucho tiempo en darlo por bueno. Si escribimos Michel y yo, además, trabajamos juntos físicamente una semana aquí o en el despacho de la productora y, después, él se va, yo me quedo, y trabajamos por separado, leemos, hablamos, comentamos, nos mandamos notas, nos volvemos a juntar. Si viviéramos a 100 metros, aquí en el centro, igual lo haríamos de otra manera, pero trabajamos así. Y puede llevarnos mucho tiempo. Por supuesto que también depende del guion que estés elaborando, porque si es un thriller tienes que coser y descoser permanentemente. Un thriller da un trabajo de chinos hasta que lo encajas todo. Luego, en cuanto a la disciplina, Michel es muy aplicado pero a mí me cuesta mucho sentarme a escribir. Me cuesta hasta leerme los guiones. Pero en realidad no paras, porque cuando escribes estás 24 horas al día a ello. Es una condición, no es un trabajo.

IR: Y es que tú, aparte de director, eres un guionista consagrado, desde *La novena puerta* (*The ninth gate*) de Polanski, a *Castillos de cartón* de Salvador García Ruiz…

EU: *Castillos de cartón* me gustó mucho. De hecho la iba a dirigir yo, pero al final me retiré. He escrito mucho por encargo, sí. Y más guiones que no se han rodado… He adaptado a Carmen Rico Godoy, Manuel Vázquez Montalbán. También a Bernardo Atxaga; escribí los de *El hombre solo* y *Esos cielos*, que finalmente no salieron… A Arturo Pérez-Reverte… Tengo un *currículum* como guionista, sí. No está mal para no ser un profesional (risas). Lo que pasa es que te ponen en una estantería y ya no te puedes cambiar a otra.

IR: Se dice que hay dos tipos de guion… de «trama» o de «personajes». ¿Qué opinas?

EU: Eso no es exacto, eso no es así. Hay películas sin trama o con poco argumento y demás, pero una buena película con trama, si no tiene personajes bien construidos, atractivos y coherentes, no vale para nada. Y viceversa. Puedes hacer una película de personajes que no tenga el menor interés. Anda que no hay… gente reunida en chalés los fines de semana hablando por los codos.

IR: ¿Tienes alguna tendencia particular con la estructura?

EU: Como espectador me atraen mucho las rupturas estructurales, la capitulación. Me gusta mucho todo eso. Yo vengo de lo lineal. Yo vengo de *Tintín*, o sea, línea clara y diáfana. Baroja… Como realizador nunca he conseguido articular desde el guion estructuras fragmentadas y demás. Usualmente manejamos dos o tres puntos de vista. Pero la capitulación, el contar la historia con la estructura alterada y demás, o bien por el tipo de historias, nada. Lo más divertido de *Gigantes*, por ejemplo, es que los guiones sí que planteaban *flashforwards* en el prólogo y me lo pasé bomba. Pero es que en la segunda temporada, sobre todo, yo creo que fuimos muy libres. Podía pasar cualquier cosa en cualquier orden.

IR: Los americanos son bastante palmarios con las estructuras de tres actos y ocho secuencias, por ejemplo.

EU: Así les va. Robert Mckee, Syd Field y todos esos que creyendo hacer un bien hacen un mal terrible, porque convierten el cine americano industrial en algo previsible, falto de riesgo, soso y mono-formal. Todo se empieza a parecer a todo y eso es una plasmación de los miedos de los despachos y es un error que han cometido, cometen, seguirán cometiendo, y que ahora repiten las televisiones también.

IR: Manolo Matji decía sobre Mario Camus que para él lo importante en un guion era el principio y el final. Que lo del medio era «llanear».

EU: Sí, y comprendo qué quiere decir con eso. Por eso es importante que los cineastas tiremos siempre hacia el otro lado, aún a riesgo de que se rompa la cuerda. Eso de los tres actos y los puntos de giro y demás, es cierto a nivel de análisis estructural, está muy bien, sirve para empezar a armar un algo, pero eso no es ninguna varita mágica para construir siempre así las historias, ni mucho menos. Cuéntame los tres actos de *2001: Una odisea del espacio* (*2001: A Space Odyssey*).

IR: Bueno, de hecho los tiene. Pero está claro que no narra de forma convencional. Para empezar no tenemos un «punto de vista».

EU: Lo que quiero decir es que cuando enseñas siempre hay que empezar por algo. No vamos a empezar a dar lecciones de cine con Leos Carax.

IR: Otra idea muy divulgada es la del protagonista. Siempre «tiene» que haber un protagonista…

EU: Sí, y la de «¿esto quién lo hace?». Bueno, es una cosa, hasta cierto punto, comprensible. Necesitas un perro guía al que te apetezca seguir, un hilo conductor. Normalmente es una víctima del destino. A tu protagonista o protagonistas les van a pasar cosas que tendrán que superar. Cosas imprevistas para ellos. Se enamoran o les dejan o aparecen los indios cuando van a por agua, lo que sea.

IR: Tú mismo lo has comentado antes, cuando presentas algo a una cadena importante o a una plataforma, cuando el protagonista no aparece hasta la página 60, eso es un problema serio.

EU: Estás muerto. En la página tres ya tienes que saber por qué bebe. Esa es la batalla de los guiones. Todo esto son peajes comerciales y miedos industriales. También la del «prota» difuso. El «prota» de *No habrá paz para los malvados*, Santos Trinidad, originó muchas dudas al equipo de Telecinco porque decían que era un asesino que caía mal a la gente. Que caía mal a la gente… El cabrón de Santos Trinidad caía de puta madre a la gente. ¿Estaban todos de su parte? Sí. «Mátalos», decían, «Acaba con ellos. Tú que puedes. Eres nuestro borracho asesino. Eres un hijo de puta. Pero nuestro hijo de puta». Era parte del juego que planteaba la peli. «El "prota" de la pistolita, el poli, el que siempre hace el bien desde el minuto uno, es un cabrón y un asesino y se acaba de zumbar a una mujer, que no le ha hecho nada, por la espalda. A ver qué haces con ese. Pues mira, estaban todos de su lado como Callahan, *Harry el sucio* (*Dirty Harry*). Y el juego era darle la vuelta a Callahan. Era la maniobra. ¿Y funcionó? Efectivamente. Quieren al de la pistola. Siempre es así.

IR: Michel y tú sois dos Barojianos implacables. De hecho «Sujeto. Verbo. Predicado» era algo que Michel nos recomendaba hacerlo a la hora de redactar un guion.

EU: Esa frase la tuvo puesta en la pared del despacho durante años... «Sujeto, verbo, predicado. Punto» En el estreno de *No habrá paz para los malvados* en el festival de San Sebastián, un crítico me soltó... «Enrique, sujeto, verbo y predicado ya no es suficiente». Me dieron ganas de estrangularlo (risas).

IR: Tú alguna vez has añadido el «complemento directo», refiriéndote a los insertos. ¿Siempre quedarán los insertos?

EU: ¡Qué manía con los insertos! Cada vez que ruedo alguno acaba cayendo en el montaje. Intento no rodarlos, pero bueno...

IR: Pueden ser puntos de vista de alguien, como en Hitchcock.

EU: Es muy difícil porque estás diciendo... «mira, tonto, fíjate». El inserto, o te da excesiva información, o es didáctico, o es innecesario. Y, con el «picadillo» actual, es innegociable. Porque claro, no hay plano de conjunto. No puedes mirar tu teléfono sobre la mesa porque no hay plano de conjunto y pierdes el hilo. Hay un momento en *Los sobornados* (*The big heat*) de Fritz Lang, en el que, en un final cargado de tensión, el policía que interpreta Glenn Ford se está vengando porque han matado a su mujer. Entonces trinca a Lee Marvin en la terraza del millonario y lo tiene allí contra el suelo. Es de noche y en ese momento se trata de que... «le metes un tiro, o no le metes y lo detienes». ¿Qué eres? ¿En qué te has convertido? De eso va la peli. Entonces hay un «clic» de la pistola y no hay inserto. Y Fritz Lang no te insulta y dice... «mira, Glenn Ford amartilla la pistola, no va a disparar. ¿Lo oyes?». Y ves un plano de conjunto, además de la mano con la pistola. Actualmente, el 100% de nosotros haríamos probablemente ese inserto o algún productor en un despacho diría. «Pero yo no he visto la pistola». ¿Y adónde mirabas? Entonces, esa serenidad de mirar, de elegir, todo eso hay que pensarlo y hay que ofrecérselo al espectador también, porque en un momento dejas compartir plano a los dos personajes y te estás quieto. ¿Y qué le estás pidiendo al espectador ahí? Que mire a los dos, que elija.

IR: Claro... como, por ejemplo, la famosa escena de *Qué verde era mi valle* (*How Green was my valley*), en la que Maureen O'hara sale de la boda y John Ford no mete un inserto de Walter Pidgeon, al que simplemente se le ve al fondo. «Si lo llego a rodar, lo montan seguro», decía Ford.

EU: Exacto, es magnífica. Eso es de lo que más he aprendido. Rodar solo lo que voy a montar. Eso les pone muy nerviosos. Lo quieren todo cubierto por todos los ángulos, todo en planos cortos, por sistema. Es la desaparición de la puesta en escena.

IR: Volviendo al guion, ocurre también con la forma de los guiones, todos son iguales…

EU: Un guion tiene que dejar intuir la forma cinematográfica. El párrafo. El párrafo tiene que ver con lo previsto en el montaje. Y si te fijas por rodaje también son unidades. Esto es una acción, esto es otra. Muchas veces acabas escribiendo los guiones con explicaciones de más para que se entiendan bien. ¿Te ahorras algún detalle de violencia especialmente grave? Pues te lo ahorras. Ya lo meterás en el rodaje. Luego están los «silencios». «Pausa», «silencio». Estas palabras ponen muy nervioso al personal. No hablemos del montaje, se ponen de los nervios y piden música. En cuanto ven un silencio, dicen… «¿por qué no ponéis música aquí?».

IR: Te voy a lanzar una frase de Hawks que te va a gustar. «Si una historia no la puedes contar directamente, sin flashbacks, es señal de que el guionista no es muy bueno».

EU: (Risas). Esa frase ha sido un tablón para mí durante toda la vida. Y, evidentemente, casi todo lo de Hawks es hartamente discutible, pero, a la vez tiene toda la razón. Y entiendo lo que quiere decir… «No me marees». Lo que pasa es que hay historias que no se pueden contar linealmente. Pero es que Hawks era un provocador. También era un tío con mucho sentido del humor, y muy elegante. A mí me hace mucha gracia. Me gusta lo que dice y al mismo tiempo digo… «mira que eres gilipollas, como casi todos». Y me incluyo.

IR: Si obviamos a Griffith, que es de donde bebe todo el cine actual, Bresson seguramente es el cineasta que más ha aportado a la forma en el siglo XX. Otra cosa es que su camino haya sido el de un profeta en el desierto. Yasujiro Ozu puede ser otro ejemplo.

EU: Bresson es brutal, seco, directo, sin concesiones. *Mouchette* es una joya. Se debería ver esa película más veces. Sobre todo en las escuelas.

IR: Hay quien asegura que el cine, idealmente, debiera tratar el «aquí y ahora», el tiempo presente, o sin llegar a tanto, sí, al menos, basarse en el material que uno conoce de primera mano. ¿Cómo lo ves?

EU: Discutible, también. ¿Qué hacemos con Julio Verne? Es material de primera mano. ¿Coppola estuvo en Vietnam? ¿O vivió con los mafiosos para hacer *El Padrino* (*The godfather*)? ¿No podemos hacer la vida de Jesucristo? ¿Quién va a hacer las pelis de hospital? ¿Los médicos? Un cineasta tiene que estudiar y hacer una inmersión en el mundo que va a contar. Aprender, interesarse... Tú ves *El color del dinero* (*The color of money*) y comienza con una lección documental del juego de billar para saber en qué consiste, cómo se juega, cómo se apuesta, de qué va el rollo y tal y cual. Capítulo uno... «mira, esto se hace así». Eso es imprescindible. El cineasta tiene que procurar que la navegación del espectador por ese mundo sea legible e inmersiva y entienda, efectivamente, cuáles son las reglas de una comunidad, cómo está organizada socialmente la tribu, cómo es esta oficina o esta redacción del periódico. Por ejemplo, *Zodiac*. Un asesino que va por ahí, a quien no vas a ver la cara en toda la película, y lo sabes antes de entrar, porque el caso es real, nunca se resolvió y sigue libre. Entonces empiezas a ver a cuatro personajes diferentes que se van a echar a perder, cómo trabajan, cómo funciona el periódico, cómo se relacionan entre ellos. Ese es el trabajo de un cineasta. ¿Que toca una de submarinos? Pues ya te puedes poner a leer sobre submarinos. ¿Cómo se hacía fuego en el campo en el siglo XIX? Pues tienes que aprender.

IR: Aquí nos toca hablar acerca del artificio del guionista, en sus intenciones. Frank S. Nugent decía aquello de... «el movimiento se demuestra andando». O, dicho de otra manera, que todo buen guion debe explicar los conflictos de los personajes mediante sus acciones. ¿Qué opinas sobre el «deus ex machina» o la presencia evidente del guionista en el texto? La estructura del «guion» de H. Mankiewicz en *Ciudadano Kane* (*Citizen Kane*)...

EU: La cámara nunca está presente en nuestros guiones, jamás hay una acotación técnica. Sí hay planificación, pero está oculta bajo el lenguaje. No es lo mismo decir «una mano abre un cajón» que «Imanol abre el cajón». Una mano es un inserto. Me resulta imprescindible saber hasta los movimientos. ¿Mankiewicz? ¿Welles? ¿*Ciudadano Kane*? Es una película tan sugerente y bella, pero... es un artificio, es casi «radio». Hay momentos donde toda la información que se da es oral. Y bendito sea Orson, que te está dando una imagen inolvidable. Pero la información es oral. Y luego la estructura es como un truco de magia. Es mucho mejor *El cuarto mandamiento* (*The magnificent Ambersons*), aunque se la destrozaron. A mí es que, por otra parte, Orson Welles me vuelve loco. Y mira que hay películas que dices «qué pena».

Sed de mal (*Touch of evil*) creo que es la película más formativa de mi infancia y juventud. En el fondo, pienso que hago cine por esa película. Aparte de que fue la primera que me dio la sugerencia de la aberración formal. «¿Este, por qué me tuerce la cámara?». Y, claro, ahí descubrías todo un mundo y a un personaje, además, fascinante. Fíjate en Buñuel, volviendo a los artesanos. No hay tipo más personal que Buñuel. Y fue un artesano increíble en México.

IR: Buñuel es probablemente el cineasta más atemporal de la historia. Vamos a acabar la parte dedicada al guion pero no quiero terminarla sin hablar del punto de vista. Me estoy acordando de *No habrá paz para los malvados*... Una película muy rigurosa y que cabalga básicamente con Santos Trinidad y la jueza Chacón. Sin embargo, llega un momento hacia el último acto, que entramos con los terroristas. De hecho, la escena final, con los extintores, es un plano «deus ex machina», sin punto de vista de personaje.

EU: Tienes razón. Y la explicación fue la siguiente. Al poco de iniciarse el rodaje, el plan de trabajo del guion de *No habrá paz para los malvados* era imposible cumplirlo en nueve semanas. Ante eso había dos opciones, comprimir el plan, rodar el guion íntegro pero apretado, y por experiencia sé que eso es una mierda, o llevar el guion al quirófano, abrirlo entero otra vez y operar, que es lo que hicimos Michel y yo. Entonces eliminamos el tercer punto de vista narrativo de la película, que empezaba estableciendo la llegada de la cocaína a la costa de Senegal, cruzar Marruecos con la colaboración del ejército, el vuelo de transporte desde Marruecos a la Península y la entrada de la cocaína hasta que la recogían los colombianos. ¿Qué planteaba esto? Ese tercer punto de vista narrativo, que mientras el espectador veía a Santos Trinidad y a la Jueza, veía también a la célula islamista preparando el atentado. Es decir, el espectador, desde el minuto uno sabía mucho más que la suma de los «protas». Base del suspense. Claro, no hay dinero. Y dijimos... «a tomar por culo, vamos a ir en pelotas hasta el minuto 80». Ni Santos ni la Jueza saben qué está pasando, pero el espectador tampoco. Por lo que la película se volvió mucho más arriesgada. Muchísimo más. Más tarde, en el montaje, se quejaban... «joder, pero es que no salen los extintores hasta el minuto 80» y es algo que lo hemos oído mucho. Por ejemplo, Carlos F. Heredero en la entrevista que me hizo en la revista *Caimán* insistía e insistía en lo mismo. Y yo le decía que la película abría ese tercer punto de vista narrativo en el minuto 80. Nos podemos ir a otro lado. ¿Cuándo? En el momento en que la célula islamista se da cuenta de que Santos les está siguiendo. La estación de Atocha. Y te enseño al chaval oculto detrás de una columna llamando por teléfono. Y a partir de ahí yo me considero legitimado para tener ya un montaje en paralelo con estos tíos armando la bomba, llevándola y colocándola y eso me permite recordarte al final que... «las bombas continúan donde están. Es decir, no ha finalizado el peligro. Seguimos igual de inseguros. Y vuestros hijos los más». Lo del 11M fue un desastre por su absoluta descoordinación. En unos sitios tenían cintas de la célula islamista grabadas, pero no había traductor. De hecho, llegaron al juicio sin haberlas traducido. Tenían fichado al de la dinamita, pero la Guardia Civil, la Policía Nacional y la Guardia Civil no cruzaban la información. Esto en la lucha contra ETA fue igual. Guardia Civil por un lado, Ertzainas por otro y la Policía Nacional por otro. Hubo un momento en que Galindo tenía un infiltrado en un comando que había secuestrado a un tío, que la policía iba ya a por ellos y tuvo que decirles... «No vayáis, que tengo ahí a un Guardia Civil». Entonces de eso era de lo que quería hablar. «Vosotros sois la catástrofe», como dice la Jueza. En *Gigantes,* por ejemplo, no había nada que explicar. Ya está contado cómo es lo de la cocaína y demás, y quién compra y de dónde viene... Esto es... ¿cómo viven, quiénes son? Entonces, claro, es un thriller totalmente diferente a los otros dos.

IR: ¿Crees que un guion es mejor si está narrado siempre que se pueda con imágenes y acciones como sugería Hitchcock? «Si una película es buena, podría irse el sonido y los espectadores aún tendrían una idea clara de lo que está pasando», decía.

EU: Sí, estoy totalmente de acuerdo con Hitchcock. Y hay pruebas invisibles de esto de la época en la que en los bares se veía la televisión. El barullo del bar, la tele sin volumen, al fondo, una película y la gente mirando. Yo creo que la imagen debe tener fuerza suficiente para llamar la atención, aunque quizá no para la comprensión total. Y el sonido tiene que ver con ello. Por eso es fascinante el cine mudo. Por eso y por más cosas. Pero sí.

IR: Recuerdo ahora que una de las experiencias más espectaculares que tuvimos como estudiantes fue cuando nos pusieron *Los tres padrinos* (*Three godfathers*) de Ford, quitándole el sonido.

EU: ¡Qué buena es!

IR: Espectacular, con esas tormentas de arena...

EU: Qué suerte tenía siempre el cabrón. Y luego el didactismo. El mapa en la arena. Mira que es difícil eso.

IR: Borda el misticismo, como en casi todo lo de Ford. Lo ves y te quedas prácticamente con todo. Es, en esencia, una película muda. De hecho se ve muy bien cómo rodaba Ford en el mudo. Y una cosa increíble es que, siendo una película de 1948, en Technicolor, rodada prácticamente toda en exteriores y luz natural, el tiempo la ha favorecido mucho. Peter Bogdanovich le preguntaba… «¿Cómo hizo usted esto?».

EU: ¡Con una cámara! (risas) Sus entrevistas eran un espectáculo… «Sí», «No», «Sí»… A ti te habría mandado a paseo hace tiempo (risas).

IR: Enrique, como comentabas, tú también te dedicas a la docencia. Carlos Gómez y tú publicasteis en 2021 un libro muy interesante: *La caja de madera*.

EU: Es un libro de texto que recoge parte de la docencia que practicamos en clase.

IR: La parte que le dedicáis a Griffith, sobre todo con *Lirios rotos* (*Broken Blossoms*) es importante. ¿Hasta qué punto crees que Griffith establece las bases de la narración cinematográfica? ¿Sigue aún vigente?

EU: Totalmente. El sistema Griffith es el imperante y vigente… la fragmentación, el escalamiento, la gramática… Si tú coges *La red social* (*The social network*) y la pones en paralelo con *Lirios rotos* (*Broken Blossoms*) lo ves. Y, una vez más, el contexto… ¿en qué momento hace este hombre *Broken blossoms* y cómo es una película en la frontera? Hay rasgos de una modernidad y de una libertad absoluta que conviven con el rodaje del cine primitivo. Además, consigue retratar lo invisible, lo hace fragmentando la acción. Mucho de lo filmado no ha pasado en la realidad. «Sucede», se cuenta, con la unión de los planos. Esto hay que subrayarlo a los jóvenes estudiantes para que aprendan que con «este palo» y «este cuadrado» se puede hacer la Capilla Sixtina. Lo necesitan. Pero el alumno también debe conocer toda la progresión posterior, la evolución en el lenguaje, porque es en lo que se sustenta el lenguaje común universal, que hace que funcione la industria y que una película japonesa la entiendan en Senegal. ¿Cómo se articula la imagen? ¿El mudo y primer cine clásico es la manera correcta de hacerlo, o la única manera correcta de hacerlo? Para nada en absoluto. Y no hay que predicarlo, porque, a continuación de esta convención clasicista vienen todas las rupturas. Renoir es el primero que dice… «Que os den, no hago el plano máster ni respeto el eje. Y, además no me interesan los *cliffhangers*. Yo voy a hacer una película de unos que van a comer sardinas y ya está. Se enamoran y no pasa nada más». O Murnau, que es otro ejemplo de ruptura… Quiero decir, no hay dogma, no hay una manera «bien» y una «mal». Hay una obligación de pensar tu lenguaje, de estudiar tu lenguaje cinematográfico, de conocerlo para poderlo respetar y así respetar al espectador y ser narradores conscientes, solventes y no esclavos de ninguna forma. Sí, sed libres, pero para ser libres tenéis que dominar el mármol, el martillo y el cincel. Sin martillo y sin cincel, no vais a ningún lado.

IR. Cerrando el capítulo dedicado al guion. ¿Crees que, ya desde el primer borrador, puede existir cierta autocensura por temor a ofender a la hora de empezar a construir un proyecto? ¿Hay una censura blanca, popular, de lo políticamente correcto?

EU: La autocensura está ahí, pero además está la autocensura industrial. No escribes un wéstern porque sabes que no te lo van a financiar, no escribes historias de determinada escala porque ya tienes un cajón lleno de guiones de esa escala que no consiguen financiación, y tienes que pensar en guiones con la mitad de presupuesto. Depende del lugar que te toque en la industria y en qué momento. Yo llevo 14 años sin que me financien un largo y el último fue un éxito de taquilla.

IR: ¿Qué me dices del cuestionamiento constante de las productoras con los script doctor y demás? Pedro Olea me decía… «antes, un productor como Frade te contrataba y te encargaba un trabajo, lo hacías y, si es el caso, lo discutías, y ya está». Pero esto es otra cosa.

EU: Pues esto es una maldición contemporánea que se ha exagerado. Siempre ha existido, pero es que ahora ya es…

IR: ¿Quién es el autor de una película? ¿Todo el mundo aporta igualmente (el director es un simple encargado de obra) o hay un factor autoral que rige al resto y recala sus ideas en favor del resultado? La famosa frase «Una película de» *vs* «Dirigido por».

EU: Yo nunca he puesto «Una película de…». De hecho, en el contrato siempre pongo que tiene que figurar «dirigida por». Por ejemplo, en *Libertad* para diferenciarla de la peli de Clara Roquet pusieron «Libertad de Enrique Urbizu». Yo siempre pongo «dirigida por», aunque también haya escrito el guion. No me gusta nada lo de la «película de». Y me parece además una estupidez de fallo de traducción… «*a film by*» no es «una película de», es «una película por». La palabra clave es «por». Y por otro lado, si yo pongo «dirigida por» es que está «dirigida por» y no es «de» ni «no de». Es que si soy el director, soy el director hasta el último plano. Me parece una ingenuidad artística. Porque la película es de Dino de Laurentiis, o de la Warner, o de quien sea... Si dejamos a un lado la historia, el guion y todo eso, el director es el que decide qué es lo que el espectador va a ver. Y es también quien rige a todo un grupo de artesanos y creativos. ¿La autoría? Ahí hay mucha tontería de egos.

IR: Ahora que hablas de artesanía, con tu tercera película entraste a ser un «artesano» trabajando para Andrés Vicente Gómez.

EU: Bueno, yo me había trasladado a Barcelona –mi pareja era de allí–, y con *Todo por la pasta* ya estrenada, para mi sorpresa, me llamó Andrés Vicente Gómez, que además estaba en Barcelona. Fui al hotel a conocerlo y me ofreció dirigir la segunda parte de *Como ser mujer y no morir en el intento*. Corrí a comprarme la novela de Carmen Rico Godoy, que era de abierto contenido feminista y reivindicativo para la época, y fue una sorpresa para mí. Pero, claro, la oportunidad de venir a Madrid a trabajar con Carmen Maura, a dirigir un texto con el que yo a priori no tenía nada que ver me parecía un regalo del destino. Y como tal me lo tomé. Vine a aprender. Trabajé con un equipo totalmente nuevo, con técnicos de Madrid, con todo el casting de intérpretes también nuevos, menos Ramón Barea. Y para mí fue la universidad, venir a hacer un encargo con Andrés Vicente. Salió bien e hicimos la siguiente y hubiéramos seguido trabajando, pero no encontramos un proyecto. Trabajé muy a gusto con Andrés Vicente y con Carmen Maura. Me entendí también con Carmen Rico. Retocamos mucho el guion con complicidad y yo estoy muy orgulloso de esas dos películas, la verdad. Y ya te digo, fue un «vamos a ver cómo es esto de verdad». Aprender. Rodé con Ángel Luis Hernández en la fotografía en *Como ser infeliz y disfrutarlo*, con Juan Amorós en *Cuernos de mujer*, con Alfredo Mayo en *Cachito*...

IR: ¿Cómo ha sido tu experiencia con los diferentes productores?

EU: Generalmente buena. Siempre he repetido. Ya es un largo recorrido... Enrique Cerezo, Antonio Cardenal, Iñaki Núñez, también Gustavo Ferrada, con el que hicimos *La Caja 507* y trabajamos en un proyecto que no salió. Muchos. Y hay un recorrido de los viejos productores. Era otro estilo. No es lo mismo Andrés Vicente que la gente que ahora está en los despachos, claro, con una plataforma con estructura internacional. Todo aquello era muy personal, muy directo, muy claro, muy franco, como lo que citabas de Pedro Olea.

IR: Vamos a entrar con las actrices y los actores. ¿Disfrutas trabajando con ellos?

EU: Mucho, sí. Y se nota, porque ellos también. Y si puedo presumir de algo con bastante poco miedo a equivocarme es que mis pelis suelen estar interpretadas en su totalidad de manera solvente. *Cuando nadie nos ve* está interpretada por 90 personas, 90 personajes. Todo el casting es excelente. Sí, me gusta mucho. Es lo más importante, lo que retratamos.

IR: ¿Crees que tu forma de trabajar con ellos ha ido evolucionando?

EU: Vas ganando en seguridad y luego ya cuentas también con que ellos te conocen. Vas con una parte del trabajo muy a favor. Vienen con ganas. Y eso es bueno. La clave sigue siendo la misma desde el principio. Y es que si aciertas al escoger, tienes el 90% del trabajo hecho. Yo no ensayo. No me gusta nada ensayar. Normalmente la primera prueba grabada en vídeo la hacen los directores de casting y yo ahí veo un catálogo de gente y elijo. A partir de ahí es todo personal y en directo, pero me interesa más si nos entendemos charlando cinco minutos que ponerme a ensayar con el actor en un despacho, que es algo que no soporto. Y después, si todo eso ha ido bien se trata de si te vas a ir de viaje en submarino con una persona o no, porque se parece mucho a hacer una peli, aunque el papel sea de dos días. Tiene que haber confianza, franqueza, sinceridad mutua. Él o ella tiene que confiar en mí y yo en ellos. Y eso se nota. Es decir, que no es tanto una prueba de calidad de interpretación como de… «Me gustas, te gusto, nos entendemos. Vamos a hacer a este tío, o a esta señora, o a esta viuda o a este policía».

IR: ¿Tienes una idea preconcebida de cómo debe de interpretar un papel? ¿O prefieres ver qué te aporta y cómo enriquece el personaje?

EU: Siempre te aportan, pero tengo una idea muy clara de antemano de cómo tiene que interpretar al personaje. Por ejemplo, José Coronado en *No habrá paz para los malvados*, está metido en el guion, claramente. En la primera escena de la película echa dinero a una máquina tragaperras, va a la barra, pide otra copa, le dicen que van a cerrar e insiste. Llega el momento de rodar. José empieza a girarse la alianza. Hablo con él en ese momento… «estás viendo las llamas del infierno, esa mirada perdida de domingo por la noche en un bar, te ves ardiendo en el averno». Pero fue José quien agregó la mujer y el inserto del final en que se ve una foto con un niño. Trajo el fracaso de vida que lleva el protagonista. Por eso vive solo. Por eso el baño tiene dos lavabos. Esto no estaba en el guion. Ni yo se lo había pedido. Eso lo trajo él. Un buen actor te trae propuestas, aunque algunas no sirvan. El actor normalmente es egoísta y generoso a la vez, lo quiere volcar todo, pero quiere lo suyo. Y yo parto de la base de que lo que hacemos los seres humanos es ocultar todo. Si el actor entiende que interiormente todas sus emociones son legítimas, pero que expresarlas está prohibido, se nota y se le ve en los ojos y yo creo que eso comunica y que funciona. Pero, básicamente, si el personaje está bien escrito, todo es mucho más fácil.

IR: ¿Prefieres optar por rostros conocidos, con cierta solvencia profesional, o buscar actrices o actores aún por descubrir?

EU: Hombre, que los protagonistas o principales sean rostros industrialmente solventes y atractivos tiene cierta lógica. En el caso de José Coronado en *La caja 507*, por ejemplo, nos era indiferente porque José es un galán, buena persona. Quiero decir que, a priori, no era el actor ideal para el personaje. A mí me gusta mucho no conocer a la gente que veo en pantalla, no tener referencias, no saber quiénes son. En *La vida mancha* sí podía ser una estrella, todo el mundo le presuponía a José ese «off» que tenía el tío Pedro… Tú ves una foto de José en Las Vegas y entiendes que está allí como un señor y ves una foto de José en un mercante trabajando, descargando besugos, y también te lo crees. Y ahí había una peli entre esas dos fotos. En cambio, de la pareja de jóvenes no deberíamos saber nada. ¿Quiénes son estos dos chavales? No los conozco. No los he visto nunca, ni a él ni a ella… Y por eso trabajé con dos desconocidos.

IR: Ya lo apuntabas antes pero, ¿disfrutas con los castings o los delegas?

EU: El casting tiene mucho de ansiedad, hasta que encuentras al actor o a la actriz indicada. Pero es un placer. Conoces gente sin parar, aparece cada personaje que flipas. En ocasiones, se presenta gente inesperada y, de pronto, cambias el personaje porque piensas que «esto es mucho mejor». La canguro de *La vida mancha* tenía problemas de gordura y de acné en el guion, pero llegó Yohana Cobo, que era delgadísima y una *delicatessen*, y comentas… «pues vamos a cambiar el guion». Y, además, tiene otro problema… el tabaco… Mucho mejor de lo que habíamos pintado nosotros. Se trata de aprovechar lo inesperado.

IR: Me has dicho que no ensayas.

EU: No me gusta nada ensayar. Se ensaya en el set justo antes de rodar. Y, a poder ser, que ruede la cámara también.

IR: Eso es una tradición muy clásica. A las actrices y actores con pedigrí no les gusta que los mareen, entre otras cosas porque suelen tener varios compromisos a la vez... función de teatro a la noche, el rodaje por la mañana... Es decir, confías en ellos porque llegan y lo «hacen». Enrique, ¿preparas con ellos y ellas el bloqueo de la escena en el propio set?

EU: En las localizaciones técnicas, habitualmente, acotamos ya los campos de luz y el espacio donde va a tener lugar la acción, y cómo va a ser el tinglado. Si lo tienes claro, también puedes decidir, casi al 100%, dónde va a ir la cámara. Sale la chica, la espera el novio con una moto y se van hacia allí. Es decir, lo sabes, ya tienes el oficio. Escena en la cocina, entra la abuela, y la madre y la nieta acaban discutiendo... ¿Cómo es la cocina? ¿Dónde están las ventanas? ¿Dónde está el fuego? ¿Dónde está la fregadera? Tú te llevas todo un trabajo de puesta en escena ya preparado, pensado. Dónde se va a sentar la abuela, cómo va a ir... Por lo tanto, llegas tú al set por la mañana y, normalmente los y las intérpretes aparecerán una hora y media más tarde. Detallas la planificación, el director de fotografía ya lo sabe y tiene ya casi puesta la luz. Entonces llegan las actrices y actores. Si prefieres hacerlo al principio, porque hay dudas... ensayas la escena sin vestirlos ni maquillarlos, la acotas, y se van a maquillaje. Ese es el momento de ver si la escena funciona o no. Ese momento es clave. Y tienes que tomarte tu tiempo, porque hay escenas que en tu interior piensas que «no va, esto hay que cambiarlo». Y ahí está todo el equipo callado, pendiente del ensayo. Y cuando encaja, pues empiezas a rodar. La cámara, habitualmente, ya está colocada en su sitio.

IR: Actores y actrices profesionales, no profesionales, adolescentes, niños, animales, todos a la vez... ¿Cómo afrontas estas situaciones?

EU: El director o directora de fotografía te ayuda y el primer ayudante de dirección también, que es quien maneja a las masas; aunque quieras rodar el caos tienes que llevar mucho orden. Esa es la clave. Tener la «cosa» en la cabeza. El movimiento de las actrices y de los actores. ¿Qué les pasa? ¿Por qué hacen lo que hacen? Eso es lo fundamental. Luego, la cámara. Si yo voy a rodar en esta habitación sé que tengo que usar más este campo que aquel, proteger las fuentes de luz. ¿Qué pasa aquí? ¿Cuántos son? ¿Cuatro? ¿Tres? ¿Dos? ¿Cómo se va a poner Imanol? ¿Dónde me voy a poner yo? ¿Frente a él o a su lado? ¿Quién preside? La relación con la puerta de la cocina. Si alguien va a ir al baño. Todo eso lo tienes que tener en cuenta. Lo que te decía antes, está todo en la cabeza, moviéndose desde la víspera. El día que lees esa escena en el guion, todo eso está ahí, con la cabeza moviéndose y luego ya entra el oficio... «Aquí, allá. ¿El máster de dónde?».

IR: ¿Cómo afrontas las escenas más delicadas o íntimas? ¿Has necesitado a un coordinador de intimidad?

EU: Michel escribe escenas de sexo y yo las quito. Michel pone «follan», y yo digo «vale, pero no se ve» (risas). No me ha tocado la figura del coordinador, y no soy yo quién para hablar de escenas de sexo porque, generalmente, las evito en los guiones. No por pudor ni puritanismo, sino porque me sobran el 95% de las escenas de sexo que he visto en el cine de ficción. Me parecen no narrativas, de adorno, cosméticas, aburridísimas e inverosímiles. He rodado algún gatillazo, por ejemplo, que me parece más interesante.

IR: Lo de las escenas no narrativas y gratuitas es algo que se podría discutir. En Aranda (Vicente) es algo imprescindible, por ejemplo, está muy arraigado al argumento y a la forma de ser de sus personajes. Victoria Abril siempre se ha deshecho en elogios con él. De hecho se refiere siempre a él como su «maestro».

EU: Bueno, es que prácticamente comparten carrera juntos. Aranda es cojonudo.

IR: Siguiendo con la planificación, ¿prefieres rodar en orden cronológico siempre que sea posible?

EU: Siempre hay experimentos... y bienvenidos sean. Pero no me gusta forzar las cosas. Sí que, dentro de la medida de lo posible, intentamos rodar las escenas buscándolas en su orden o dentro de la unidad del decorado, del día. Pero normalmente es imposible. Ya lo has dicho, el actor o la actriz tiene teatro la noche anterior y llegará a media mañana en vez de a primera hora... Ya está, a tomar por culo el orden cronológico (risas). Hay una cosa que una vez le oí decir al maestro Aranda, que me gusta mucho, y es que, en su opinión, se debería volver a rodar durante la primera semana siguiente a la de acabar el rodaje. Es decir, terminas de rodar un viernes y el lunes siguiente empiezas repitiendo la primera semana entera. Porque esa primera semana de rodaje es terrible. Imagínate que tienes que rodar el final de la película durante la misma. Pues estás jodido. Hombre, hay pelis en las que el orden cronológico está muy bien aprovechado. *12 hombres sin piedad* (*12 angry men*)... Pero tiene ese peligro del corsé, también del ejercicio de estilo. Que se note mucho. El artificio de hacer una película en dos semanas y a tres cámaras, pelis artefacto… a mí no me gusta.

IR: ¿Cómo te gusta trabajar la planificación del rodaje con el ayudante o la ayudanta de dirección? ¿Te propone una idea de orden de trabajo o les informas previamente de ciertas preferencias?

EU: Es una combinación de ambas cosas. Hay días en que tu prioridad es la que manda, pero lo normal es que te pliegues a lo que el ayudante de dirección vaya organizando, porque es el que maneja la logística de 100 personas. Pero resulta que tú te pones terco con tu escena. Entonces se te hace caso. Y, yendo todo bien, tienes tus márgenes lógicamente respetados. No suele haber problemas. Yo soy un aplicado planificador. Y ya te digo, hay ocasiones en las que el maquinista, por ejemplo, sabe ya meses antes dónde va a montar el travelling, y lo tiene montado a primera hora. Y otras veces pues no lo tienes tan claro hasta el último momento. Pero lo normal es que todos sepamos de qué va la cosa, cómo la vamos a rodar, cuál es la dificultad, a qué hora entramos y a qué hora salimos: «Esto se va a hacer de aquí para allá y luego haremos un plano ahí arriba…». Y eso va a misa.

IR: ¿Cuantas semanas ruedas habitualmente?

EU: El rodaje más largo que he tenido fue el de *Todo por la pasta*. Fueron 11 semanas. Nunca he vuelto a tener tanto tiempo. En las series es un paraíso. En *Cuando nadie nos ve* han sido 18 semanas. Pero hay de todo, hemos hecho rodajes de 5 o 6 semanas.

IR: Como decías antes, el estilo principal de una película es su presupuesto… Entiendo que cumples habitualmente el plan de rodaje dentro del plazo.

EU: A mí, un productor me llegó a decir… «Tal y como tú ruedas hubieras hecho ese guion en mucho menos tiempo». O sea que por rodar bien te castigan. Y yo le respondí… «Deberías darme diez en vez de quitarme cinco».

IR: Eso pasa porque en producción se tiende a pensar que no estás utilizando correctamente el recurso humano que se ha contratado.

EU: Ya, bueno, es que hay días que acabas dos horas antes y otros, en cambio, más tarde. Pero yo no voy a terminar más tarde porque haya que hacerlo más tarde. Si tengo la escena rodada, la tengo rodada.

IR: Siempre te podrán decir… «hazme insertos, hazme distintos puntos de vista para tener más material…».

EU: Bueno, sí. Eso es como si acabas un Mercedes de puta madre y te dicen… «qué pronto lo has rematado…, píntalo de verde o ponle lunares».

IR: ¿Separas en rodaje los conceptos de puesta en escena y puesta en cuadro?

EU: Van unidos, y si has escrito el guion, eso va ya cosido, es inseparable.

IR: ¿El movimiento de cámara también lo especificas con antelación? La naturaleza que tendrá… fija, panorámica, travelling, steadycam, al hombro, con cuántas cámaras…

EU: También, va todo pensado con antelación. Para improvisar tienes que conocer muy bien tu instrumento y la partitura. No se trata de llegar ahí a ver qué ruedas. Improvisar es llegar con la estaca muy firme y discernir lo que funciona de lo que no, lo que no está bien pensado y lo que hay que cambiar. Y la solución que tenemos que incorporar. Eso es así. Es decir, no hay nada escrito en mármol y debemos estar preparados para los cambios. Igual llueve o igual la puerta está sellada. No pueden entrar por allí porque ha habido una obra. Y, mira, ya no entran por ahí, tienen que entrar por la otra… pues ahí con todo en directo, todo tiene solución. Tú llevas todo eso muy bien pensado, aunque haya decisiones que todavía no hayas querido tomar hasta no estar en el set. Yo siempre ruedo a una cámara pero, con las series, es una puñeta. Ahora, normalmente, llevamos dos y, bueno, la gente usa dos, incluso tres. Nuestra cámara B, si hemos de usarla, es para obtener planos a escala distinta sobre el mismo campo. Jamás cruzamos campos, ni las cámaras están rodando cosas distintas ni nada de eso. Y creo firmemente en una cámara. Aunque hay escenas que te exigen llevar tres, por ejemplo cuando un coche vuelca y el tinglado que tienes que organizar te obliga a hacerlo.

IR: Viendo tus películas siempre me he fijado en que, tanto los movimientos de cámara, la naturaleza de los planos y la propia puesta en escena, obedecen generalmente a los puntos de vista de los personajes. Tiendes a justificar el punto de vista…

EU: Sí, depende. Si el relato es en tercera persona me puedo permitir no justificar, salvo como narrador omnisciente. Es decir, empiezo con una panorámica y, luego, descubro a mi protagonista. Hay ocasiones en las que no te puedes permitir la panorámica porque estás solo con el protagonista y te apoyas mucho más en su punto de vista. Pero es una combinatoria, también tienes que alejarte, verlos, no ser esclavo de ese punto de vista. Es una oportunidad, no una condena. Hay que respetarlo. Eso sí, no saltártelo aleatoriamente sin ton ni son. Depende…

IR: ¿En la práctica, cómo preparas el desglose de planos? Quiero decir, lo haces sobre el guion literario…

EU: Garabateo, hago fichas, dibujo en cuadernos. Habitualmente utilizo la planta para pasársela más tarde al equipo, dibujos de planta sobre el guion. Y, en ocasiones, se necesita trabajar con algún dibujante si la escena implica a departamentos muy diferentes, véase digitales, efectos especiales físicos… En *Cuando nadie nos ve* hay una escena en la que los nazarenos de una procesión levantan el vuelo, levitan y luego también lo hace el paso. Y la dibujamos. Yo le iba diciendo al dibujante… «desde aquí, desde allí, este plano general». Pero, claro, esos dibujos eran necesarios para producción, para los efectos digitales, para el de la grúa, para el de los cables, para los nazarenos… Si se trata de dos personas en la intimidad, ¿para qué vas a dibujar nada?

IR: Con lo cual, entiendo que el storyboard, generalmente, es algo que no empleas para nada.

EU: En cosas puntuales, como te digo. En el sueño de *La vida mancha*, por ejemplo. Y en esto de *Cuando nadie nos ve* que te acabo de contar, ni siquiera en *Libertad* ni en *Gigantes* lo hice.

IR: ¿El bloqueo de extras es algo que sueles delegar en el ayudante de dirección o prefieres coreografiarlo tú mismo, para el conjunto del plano?

EU: Depende. Si el ayudante es muy bueno, te quita mucho trabajo. Y últimamente he tenido excelentes ayudantes de dirección y excelentes equipos de dirección. Por ejemplo el trabajo con los gitanos en *Gigantes* y todo ese mundo… que incluye también a producción, por supuesto. Las peleas también. Todo eso… Ahí tienes que tener mucho músculo de producción y del ayudante de dirección. Pero, sí, lo vigilo. Me fijo a ver si todo va bien. Cuanto mejores colaboradores tienes, menos trabajo te da todo.

IR: Visto en perspectiva, ¿crees que tu forma de dirigir se repite a lo largo de tus películas, es algo sistemático?

EU: Espero haber aprendido por el camino pero, sí, básicamente creo que se repite. Ahora disfruto más, supongo… Voy más tranquilo… En mis rodajes intentamos disfrutar mucho y como partimos de ser integrantes de un oficio sagrado en vías de extinción, se convierte en un juramento y suele ser un microclima muy sano. Si puedo presumir de algo es del clima de mis rodajes. Es el placer de hacer películas. El ambiente. Disfrutar de hacer películas es clave.

IR: ¿Hasta qué punto blindas de antemano una planificación?

EU: En el set siempre está el directo, pasan cosas. El rodaje no es anclar la planificación si funciona bien, para nada. Y, si no funciona, hay que buscar cosas nuevas. No es una fotocopia para nada, estaría equivocado si hago eso. Es una planta viva. Hay rodajes y rodajes, y mucha literatura, y extremos. *Apocalypse now*, por ejemplo… unos multimillonarios en la selva gastando dinero a espuertas y además con unos italianos que les traían los espaguetis en avión. Mucha leyenda… Pero a la hora de la verdad las películas son más normales. Imagínate a Chabrol en una de esas. Hay mucho cuento.

IR: Hablando del montaje. Si algo te ha caracterizado siempre es que «montas con la cámara».

EU: Eso dicen… Me debería de cubrir algo más, pero la realidad es que me cubro poco. Y he tenido broncas… Pero si tienes el material que necesitas, ¿para qué quieres más? Es lo que hemos hablado antes acerca del Mercedes.

IR: Has hablado antes de Fincher, que no se contenta si no hace menos de 30 tomas.

EU: Para empezar, te tienen que pagar las 30 tomas. Y me gustaría que David me dijera qué es lo que busca en 30 tomas y cómo distingue la 29 de la 3.

IR: Argumenta que en un rodaje hay mucho dinero invertido y que no es cuestión de llegar, «besar el santo» y largarse…

EU: Una cosa es ser responsable respecto a la inversión de un productor y otra el postureo. Una vez más, ahí hay mucho cuento…

IR: Tanto Ford, como Hawks o Lumet nunca pasaban de tres o cuatro tomas…

EU: Si sabes lo que estás buscando y todo va bien pues está claro. Mira a Eastwood con Hilary Swank en *Million dollar baby*, que rodó un ensayo y, al acabar, dice la Swank «¿Lo rodamos…?», y Eastwood le responde… «No, ya la hemos rodado». «No, no… era un ensayo», insiste ella… Pasan a otra cosa, y le dan el Oscar a mejor actriz protagonista.

IR: Respecto a la cobertura de los planos, ¿ruedas primero los generales y luego vas acercando el campo o lo haces dependiendo de la emoción y la intensidad de la escena?

EU: La emoción tiene que estar en el máster. No siempre tienes por qué hacerlo así, pero lo suyo es rodar primero el máster, por campos de luz, e ir acercándote.

IR: Qué te parece la frase de Lubitsch... «Hay mil maneras de posicionar una cámara, pero en realidad existe solo una».

EU: Claro, solo hay un sitio bueno. Por eso, lo de cubrirse y rodar todo desde todas partes es un despropósito. Para eso no dirijas. Que lo haga una máquina o un algoritmo...

IR: Vamos a hablar de escenografía. ¿Cómo trabajas con el director de arte? ¿Elaboras mentalmente la escenografía antes incluso de que llegue él o ella?

EU: Con Manuel Ludeña, que es con el que últimamente he trabajado, me entiendo a la perfección. Lo hablamos todo, desde el principio. Compartimos las referencias. Yo le digo cómo lo veo. Y él tiene una manera de retirarse y reconvertir todo eso. Y me gusta mucho lo que me trae. Y cuando lo hace, siempre me sorprende. Y luego veo los resultados. Veo cómo trabajamos el color, cómo hacemos las cosas, hablar de texturas...

IR: ¿Te gusta elaborar una imagen mental ya antes de juntarte con él?

EU: Sí, por ejemplo en el libro *La caja de madera* mostramos el «corcho». En él pongo todas las referencias plásticas que voy acumulando. Pero también me ocurre con el vestuario, la peluquería, el sonido, la música... Todo va junto. Todo está relacionado.

IR: Hay veces que te encaprichas con alguna localización ya de antemano y luego no puede ser...

EU: Pasa mucho. Por dinero o porque no sirve. Hay que saber cambiar y hay ideas que no funcionan. Por mucho que te gusten, hay que eliminarlas. Siempre manda el material. No mandas tú.

IR: ¿Prefieres trabajar en localizaciones reales, decorados o en una combinación de ambos?

EU: Me encanta el set. Me gustan mucho los decorados y el ambiente que se genera, pero la realidad también es maravillosa. Las localizaciones, la bendición de *Libertad* fue estar cuatro meses en el monte, sin paredes, sin tabiques, sin líneas rectas. Si es que..., solamente eso es más que rodar, es la aventura de rodar.

IR: Y, sin embargo, *Tu novia está loca* se rodó en decorados.

EU: Y fue adrede. Y lo que no era decorado lo disfrazábamos para que lo pareciera. Incluido Bilbao. Es una rara avis. Fue un auto-encargo muy raro, impensable. Estábamos muy locos, como dice el título.

IR: ¿Qué opinas de la famosa expresión de «dar valor de producción» a lo que estás filmando?

EU: Totalmente lógico. Si vas a hacer la Legión Romana, enséñala. Si no la enseñas, es que no la tienes. Ahora, con el ordenador, se pasan porque pueden duplicar. Tú imagínate la escena de los helicópteros de *Apocalypse now*. Ahora pondrían 30 en vez de 12.

IR: Pero hay algo que se pierde con el CGI (*Computer Generated Imagery*). Esa cosa «física», real. Eso mismo le ha sucedido a la última película de Indiana Jones. Comparas *En busca del arca perdida* (*Raiders of the lost ark*) e *Indiana Jones y el dial del destino* (*Indiana Jones and the Dial of Destiny*) y esta última parece un videojuego frente a la fisicidad que emana la primera.

EU: Sí, en la primera tienes al doble auténtico del del sombrero, el especialista que se la juega… Ahora es todo animación, y se nota. Es un asco.

IR: Te he escuchado en alguna entrevista que eres el primero que pisa el terreno en los rodajes. Otra característica muy Fordiana.

EU: Sí, ha habido alguna mañana que he llegado y no habían puesto ni la cafetera. Es uno de los mejores momentos del día. El set está vacío, la gente va llegando, saludas, tomas café y repasas la escena. Ahí estás, haciendo que el primer ensayo funcione.

IR: Vamos a hablar de fotografía. ¿Buscas un estilo por cada película? ¿Tiendes a establecerlo ya de antemano, antes incluso de sentarte a hablar con el director de fotografía?

EU: Unax Mendia y yo hablamos de nuestras cosas, pero de fotografía poco. Un día, una mañana de rodaje, después de ver el ensayo, Unax y yo nos miramos y nos comunicamos con gestos. La gente se descojonaba… «¿Qué han dicho? ¿Se han entendido?» Y alguno decía… «Sí. Han marcado las tres posiciones de cámara» (risas). El concepto general, lo que respira la historia, incluso en esos primeros viajes a localizar escenarios…, el «silencio de calidad» que llamo yo, el que se genera en la furgoneta cuando vamos o volvemos de los sitios, ahí… ya estás definiendo o buscando lo que la película pide. Por ejemplo, en *Gigantes*, las primeras conversaciones, tanto con Manuel Ludeña, el director de arte, como con Unax, eran «piedra castellana», «granito castellano de Felipe II», «hierro y madera». Anticuarios. El rastro.

Ese Madrid de Lavapiés. Esas texturas. Me acuerdo del cuadro de Caravaggio, *Santa Catalina de Alejandría*, que tenía la rueda de la tortura con los clavos con la que la desgarraron, el metal de la espada, la pluma de la fe, la mancha de rojo del manto. *Gigantes* es así. Con esos mimbres, entra la iluminación de Vilhelm Hammershøi, la luz que se cuela en los espacios. Si yo le enseño una foto de un cuadro de Hammershøi a Unax como referencia, ya está, no hablamos de nada más… Es el tratamiento de los espacios y de las atmósferas. Y de ahí partimos.

IR: El estilo fotográfico ha evolucionado mucho a lo largo del siglo XX. El empleo de luz natural sin electricidad en los inicios del mudo, con decorados sin techo para que entrara la luz solar natural, la iluminación artificial heredada del teatro en el sonoro, de nuevo el naturalismo a partir de los 60, hasta llegar al postmodernismo actual, que es un conglomerado de influencias híbridas…

EU: Bueno, sumas un poco de expresionismo a la «*Nouvelle vague*» y te sale *Taxi driver*. Y a grandes rasgos ahí seguimos, ¿no?

IR: Las relaciones de aspecto tanto en pintura como en fotografía siempre han estado próximas a la forma cuadrada, guardando el equilibrio entre la horizontalidad y la verticalidad. De hecho la relación de formato que estableció el cine a lo largo de 50 años, es el 1,33:1, muy cercano a ese equilibrio. Es curioso ver la evolución de la pantalla a lo largo del siglo XX, que se tuvo que ir ensanchando por necesidad de desmarcarse de la televisión a partir de los años 50. Hawks decía que lo panorámico dispersaba la atención… Aunque también es cierto que durante la segunda mitad del siglo XX, la influencia del cómic o la novela gráfica ha determinado una nueva forma de ver el cine –por ejemplo, Spielberg y sus seguidores, desde Robert Zemeckis hasta J. A. Bayona–, que ha afectado mucho a la planificación y al montaje. Ya hemos hablado antes de *En busca del arca perdida*, una película clave para el cine moderno de Hollywood. ¿Qué opinas de todo esto? ¿Tienes una relación de aspecto preferida para encuadrar una película? Tú, por ejemplo, hasta empezar con Unax en *No habrá paz para los malvados*, has rodado siempre en formato 1,85:1 estándar.

EU: Sí, hasta que empecé a trabajar con Unax no quería usar el 2,39:1. Tampoco eran películas para formato panorámico anamórfico. Bueno, *La caja 507* quizás sí, pero *La vida mancha* no. Aunque al final todo es relativo.

IR: Es que realmente, si te pones a pensarlo, al final hay mil películas posibles, ¿no?

EU: Sí, pero en el caso de *No habrá paz para los malvados* fue un impulso decidido de Unax, que me encantó. En Panavisión, con las lentes anamórficas. Además era en película, en 35 mm. Y en *Cuando nadie nos ve* hemos usado el formato de moda 2.00:1, un poco impuesto por la plataforma. Pero la primera escena la hicimos en 1.33:1, a lo bestia, que me encanta. Pero no todo el mundo vale para el 2.39:1. Es que no es fácil componer el panorámico. Los primeros planos son muy jodidos. Hay gente que se adaptó muy bien, como David Lean –*Lawrence de Arabia* (*Lawrence of Arabia*), *Doctor Zhivago*, *La hija de Ryan* (*Ryan's daughter*)–. David Lean es un maestro, es una bestia parda. Lo que ocurre generalmente es que tú puedes tener una idea preconcebida de qué formato quieres usar pero lo tienes que combinar con las obligaciones que las plataformas te imponen. No quieren que hagas nada inesperado para ellas, por lo que todas las series, sean lo que sean, tienen el mismo formato, lo cual es una estupidez. Tienen miedo al espectador. Todo este negocio está basado fundamentalmente en que los que tienen el dinero están aterrados porque el espectador tiene el mando y la hostia se la lleva la industria. De ahí a pensar que «vamos a hacérselo fácil al espectador...» y ahí es cuando la audiencia lo rechaza. ¿Quién te garantiza que haciendo más picaditos los tres primeros minutos, el espectador va a ver la serie? ¿Quién tiene una estadística de eso? Pero esto no es nuevo. Es Hollywood. Si te lees el capítulo de *La caja de madera* dedicado a *Duelo al sol* (*Duel in the sun*), todo lo que hace Selznick en ese proceso de producción es destrozar una película creyendo que está haciendo una gran película. Que luego tiene suerte, porque todo el mundo dice que es una gran película. Es una gran chapuza, pero... Y ves el proceso de creación y es todo miedo. «No les va a gustar, ponme más espectáculo, más amor, más de esto, más de lo otro...». Y al final, el resultado es una especie de cosa disfrazada de siete cosas. Y, fíjate, Selznick lo clavó en *Lo que el viento se llevó* (*Gone with the wind*), pero no en esa otra. Esto prueba que no hay fórmulas, ni plantillas, ni ideas que funcionen siempre. Y no hay que tenerle miedo al espectador.

IR: Cuéntame un poco tus preferencias por las ópticas. ¿Eliges las focales en función del valor del plano o aplicas una misma focal normalmente? ¿En qué rango te encuentras más cómodo habitualmente?

EU: Con el nivel de comunicación silenciosa que tengo con Unax sé, casi siempre, lo que va a poner. Como anécdota, en *Cuando nadie nos ve*, que, como te decía, estuvimos rodando 18 semanas, yo cogería el visor una o dos veces en total.

IR: ¿Usas ángulos inusuales para la mirada humana (aéreos, contrapicados, encuadres holandeses...)?

EU: Los aéreos no los aguanto. Yo creo que empecé aberrando ya en los Super 8 y se me quitaron las ganas de hacerlos (risas). Howard Hawks y David Lean, por ejemplo, son muy buenos para inmunizarte contra las aberraciones. Tintín, también.

IR: Arturo Pérez-Reverte es un gran *tintinófilo* y, también lo es Gerardo Herrero. Dos personas con las que has colaborado en tu carrera.

EU: Con Arturo hemos hecho competiciones de quién es más tintinófilo de los dos... Eso sí, a mí me gustan mucho las aberraciones de los demás. Otro director fundamental del que no hemos hablado es John Carpenter, que tampoco es aberrante. Tiene una elegancia especial compartiendo pantalla con el espectador.

IR: John Carpenter es especialmente elegante en *Asalto al distrito 13* (*Assault on Precinct 13*), *Halloween* y en *La cosa* (*The thing*). Cómo mueve la cámara, qué economía de medios en el lenguaje...

EU: Es brutal... Yo creo que en *Todo por la pasta*, se concentran las últimas aberraciones que hice yo. Hay contrapicados y cosas así. Hay un plano angulado, torcimos los muebles como Murnau. Éramos muy jóvenes.

IR: Probablemente Jeff Nichols, fan de Carpenter por otro lado, sea en la actualidad el heredero del clasicismo americano bien entendido. Un poco lo que los Hermanos Coen fueron en los 90.

Por todo lo que me has dicho, adivino que en el set confías mucho en el operador, los movimientos que va a hacer... ¿Eres de los que se pega al monitor?

EU: El monitor es casi un mal necesario. Si puedo, estoy físicamente junto a la cámara. No soy un vigilante. Me fío de Unax, y si me dice que el plano no ha sido bueno, va a misa. Y si no es así, hay 20 personas que te avisan. Tú das la toma por buena y aparecen siete diciendo que el plano es un espanto. Y te preguntas «pero ¿qué ha pasado?», «¿se ha visto un reflejo?». Y te responden «se ha visto el micro...». Yo estoy a los y las actuantes y al plano, a los ojos, a la emoción...

IR: En un rodaje actual hay más monitores que en un control de realización de televisión.

EU: Hoy en día, la película la ve hasta la persona responsable de la limpieza. Ven el copión 60 personas antes que tú. Porque yo el material del día, lo que antes llamábamos copión, no lo suelo ver, me pone de los nervios. Antes ibas a una sala o al laboratorio y lo veías en cine. Una toma muda de cada plano, eso era el copión. Era una maravilla. Aprendes a confiar. Yo he tenido mucha suerte con los equipos. Empecé con Carles Gusi en la fotografía. Nitidez y sobriedad, con una elegancia en el movimiento de cámara inaudita, un operador de cámara prodigioso. Tienes que hacer otro libro con Carles, con Unax...

IR: ¿Cómo reaccionas ante los contratiempos de rodaje y las tensiones humanas?

EU: Intento ser amable y no perder los nervios. Creo que no he gritado en un set en mi vida y, a veces, cuando hay exceso de tensión, pues también es tu oficio, ¿no? Tienes que saber comportarte. En la docencia aprendes mucho, porque estás delante de muchas personas. Tienes que ser generoso, educado, ejemplar. ¿Qué predicas en el set?... un «gracias, buenos días...». Hay que saber estar e intento no perder los nervios nunca. Lo mejor para no hacerlo es tener la información clara, que todo esté en su sitio, que todo el mundo sepa lo que está haciendo. Hace años tuve un día que me costó que no saliera una silla volando, pero fue un caso muy particular y fue hace mucho tiempo y con un actor, también, muy, muy particular. Pero normalmente no hay nada de eso.

IR: En el Hollywood clásico se especulaba que, después del oficio de aviador, el de director era el que menor esperanza de vida ofrecía. ¿Qué me puedes decir de los rodajes nocturnos?

EU: Los rodajes nocturnos son complicados, hay un plus de tensión. Iluminar es complicado... Pero, hay veces, que se crea un ambiente muy acogedor, precisamente por tratarse de ese horario. Hay silencio en la calle, es más recoleto... lo malo son las últimas horas. El amanecer sí que es duro. Y si te pilla en exteriores es aún más duro. Todo el mundo se mueve ya con la batería baja. Si has estado trabajando toda la noche, ya no puedes hacer un primer plano de una actriz o de un actor al amanecer. El tema no es que los rodajes sean nocturnos o diurnos, lo malo es la alternancia. Cuando tienes dos semanas de cambio de horario se nota, acabas tocado y, además, te reduce el fin de semana. También porque el sábado suele ser un día de *jet lag*. Y para cuando te quieres enterar ya es lunes. Pero los del cine estamos acostumbrados a eso, me parece un tema muy menor. Para eso estamos. Bendito sea un oficio de horario irregular.

IR: ¿En cuanto a los descansos de rodaje, tiendes a estar solo o eres más de unirte a intérpretes o a técnicos?

EU: Evito sentarme con las actrices y actores porque siempre se habla de trabajo, del personaje, de la escena o de Ionesco o de lo que sea. Y cuando te sientas a comer, lo último que quieres es hablar de cine, de Ionesco, de trabajo…

IR: ¿Tiendes a estar sentado o eres activo en el rodaje?

EU: No paro. Me encanta estar en el set. En el último rodaje cojeaba y me costaba moverme. Pero todavía me quedo mirando cómo montan las vías. Me encanta. Estoy todo el rato en el set y creo que eso es muy importante, estoy presente en las horas de rodaje y eso el equipo lo sabe. Es que es el sitio donde más me gusta estar, pensando en la escena todo el rato, en el siguiente plano… Para cuando lo ruedas, lo has rodado ya tantas veces…

IR: Hay gente que va montando incluso en rodaje. Almodóvar y Teresa Font, por ejemplo.

EU: Sí, porque hoy en día te llevas el portátil y es muy inmediato. Pero a mí no me gusta estar pendiente del montaje cuando ruedo. Aunque Ascen Marchena está montando desde el primer día. Yo acabo el rodaje y la serie está entera pegada. Y además nos entendemos a la perfección. Y me conoce. Vamos, como si fuera yo mismo. Pero lo que no me gusta es acabar el rodaje y ver el montaje. De hecho, cuando me obliga Ascen a hacerlo, es terrible. En el rodaje estás soñando al 100%, y en montaje chocas con la realidad, es «lo que hay». Entonces el miedo a ese escalón es permanente. Y yo, cuando ruedo, prefiero seguir en la nube y ya iré después a montaje. Pero, claro, es un problema casi infantil. No se puede evitar ver el montaje, así que lo vas viendo, y no pasa nada, todo va bien. Pero no me gusta bajar a tierra durante el rodaje. Es un defecto, lo confieso. No es ninguna virtud. No lo predico.

IR: ¿Dejas que la montadora o el montador trabaje en una propuesta cogiendo distancia o estás ya desde el minuto cero en la sala de montaje?

EU: Me gusta que me sorprenda, sí. Más ideas. Todo mejor.

IR: Un capítulo interesante de ese proceso es el sonido. Ya desde el guion, incluso la propia concepción de la puesta en escena.

EU: Las películas son cómo se ven y cómo suenan. El paisaje sonoro es muy importante.

IR: ¿Abordas el sonido ya desde el guion, es decir, tiendes a generar un universo sonoro singular, un poco a lo David Lynch, o tu sonido va pegado al argumento?

EU: En mi caso, los detalles son un fondo que no va a estar nunca en primer término. Lo fundamental es una nitidez impecable del sonido directo, que tenga margen para trabajar las mezclas sin que sufran las interpretaciones de las actrices y de los actores. Aunque hablen en voz susurrante. Esa es la primera base. Nitidez y limpieza formal, al igual que la imagen. Y, además, la sutileza de los ambientes. Yo intento cuidarlo mucho con Nacho Royo, que suele ser el montador y mezclador de sonido, que hace un trabajo estupendo.

IR: Robert Bresson, por ejemplo, hacía literalmente dos rodajes… el propiamente dicho, el de la imagen, y luego el del sonido. Era un sonido creado desde cero. «El cine sonoro ha inventado el silencio», dijo.

EU: Pero es que Bresson empieza y acaba en sí mismo. De todas formas, todo el cine europeo de una época era sin sonido directo. Aquí también. Hasta se inventaban los diálogos después, en el doblaje.

IR: Fellini elegía a sus personajes por los rostros, muchos ni eran intérpretes. «Luego lo doblo», decía.

Hablemos de la música. ¿Qué papel tiene en una película?

EU: Es muy discutible. La música «almohada», la música que empuja las emociones, que no produce el devenir de los acontecimientos y de la puesta en escena, pues es una mala compañera. En otros casos es imprescindible. Siempre he tenido una relación amor/odio con la música en el cine. Al igual que veo una película como espectador y me acostumbro a los cortes de montaje, los asimilo, en cambio siempre noto la entrada de la música.

IR: Ennio Morricone decía en su libro *En busca de aquel sonido*, que de todos los elementos narrativos que contiene una película, la música es el único estrictamente prescindible, visto desde la lógica y la verosimilitud.

EU: Y en parte tenía razón, y está muy bien que venga de un músico. Le honra. Pero también es cierto que ese lenguaje es parte de la historia del cine, ya desde la época del mudo, pues nació con las primeras proyecciones, y se puede usar favorablemente para tus intereses como narrador. Yo trabajo, por suerte, codo con codo con Mario de Benito. Y conceptualmente trabajamos desde antes del guion. *La vida mancha*, por ejemplo, es la banda sonora que menos tiempo dura de todas las que hemos trabajado. Tiene muy pocos minutos y me encanta. Y empezamos con conceptos, como con la dirección artística, para dar claves a la instrumentación. Juana... aire, brisa, viento... flauta. Nada de instrumentos percutivos, ni masculinos, ni agresivos. Muy leve, muy poquita. *La caja 507*. Resines... dolor, un cantaor. Coronado... cascabeles, la «máquina» que te sigue. Hay un primer trabajo conceptual. Muchas veces nos encontramos con que llegan las primeras imágenes montadas y lo que hemos previsto no pega ni con cola, la imagen lo rechaza. Pues toca hacer «prueba-error», hasta que funcione. En cualquier caso, lo que nunca se debe hacer es imponer una «magnífica» banda sonora que destroce la película.

IR: ¿Te sueles plantear músicas preexistentes?

EU: Rara vez. En *Cuando nadie nos ve*, por ejemplo, anduvimos trasteando con un grupo que se llama Swans. En *Todo por la pasta* intenté meter un tema de Barricada y no encajaba. No me caben las canciones.

IR: Están también los *temp track*, las músicas temporales, que se usan para «guiar» al compositor en el tono o en las intenciones. Probablemente el mejor ejemplo de *temp track* es toda la banda sonora de *2001: Una odisea del espacio* de Kubrick, que al final se quedó en la película. Alex North, que fue quien compuso la BSO «primigenia» se quedó sorprendido e indignado a partes iguales en el estreno, al ver que Kubrick sustituyó su música por otra.

EU: Cada película es un caso. Pero en la industria normalizada española tampoco hay márgenes para muchas cosas. Si conoces al compositor y confías en él, no tiene por qué pasar lo de Kubrick. Si vas a trabajar con uno nuevo, igual tienes que sentarte un rato con él. Yo tengo suerte, tengo un colaborador permanente. Hace más de 20 años que no trabajo con otro músico.

IR: ¿Por lo general dejas que el compositor busque lo que la película narrativamente necesita? Es decir, ¿te gusta que te sorprenda?

EU: Sí. Me encanta que me venga con cosas inesperadas y que encajen. Lo importante es el conjunto, la unidad. Puede haber cosas estupendas que no encajan en la estructura final. Vamos poco a poco, hablando tranquilamente. De las fases en que más terreno incierto piso como cineasta no es ya la mezcla, con la que estoy más tranquilo, sino con las músicas. Y Mario es la víctima, quien lo sufre. Y con las mezclas…, si pudiera cambiar algo de mi filmografía sería la mezcla de *Todo por la pasta*, que no la aguanto. Cuando vi *Una historia verdadera* (*The straight story*) de Lynch, descubrí un mundo. Bueno, me pareció descubrirlo. La levedad más absoluta. La vi en el cine, y es que se «oía» todo. Dejaban una cosa de hierro en una mesa, que normalmente suena fuerte y aquí era como un suspiro, pero se percibía. Poder trabajar a ese nivel de discreción es maravilloso. Fue un descubrimiento.

IR: Nos vamos acercando a las últimas fases de la realización. ¿Hasta qué punto participas en los remates de la película? Créditos, diseños, etc.

EU: Todo lo que puedo. En los créditos, la línea de estilo es la misma desde hace años. Ninguno o muy pocos al comienzo. Si acaso actores o actrices y título… y rollo final en negro, sin interferir en el relato. Es decir que, una vez que empieza la historia, no me gusta introducir elementos de distracción. No me suelen gustar las virguerías ni los créditos de animación rebuscados. Me puede gustar verlos en otra película, pero hacerlos me produce un sopor infinito.

IR: Y al acabar llega el momento más terrible para algunos, que es el de la promoción.

EU: Esa es la peor parte, sin duda. Me borraría absolutamente de todo. Y cada año que pasa más, porque el nivel de la gente que te viene a preguntar es ya de blog. Como cuando en *Libertad* me decían «se nota la influencia de Leone». Y yo respondía «de Leone no hay nada en *Libertad*». De Gordon Douglas, Phil Karlson, Samuel Fuller…, sí. Me miraban con una cara… «¿De qué habla este tío? ¿Quiénes son esos?».

IR: ¿Te gusta elaborar tu discurso?

EU: Un *briefing* claro es lo mejor que puedes hacer. Contestar siempre lo mismo a todos. Las preguntas son siempre las mismas. Esto lo aprendí de Arturo Pérez Reverte, que me lo explicó. «El titular dáselo hecho». Intento hacerle caso, pero es imposible (risas).

IR: ¿Te ha tocado defender algún discurso por la causa?

EU: Siempre he huido, como de la peste, de defender ninguna causa. Cero militancias. Que milite el espectador. Yo puedo contar cómo son algunas cosas para que le demos a la «galleta». Pero la brasa no.

IR: Parece que recuerdas con simpatía la época que trabajaste con Andrés Vicente Gómez. ¿Crees que hoy en día esa figura del productor creativo como Thalberg, Zanuck, Puttnam, Querejeta en España, es posible todavía?

EU: Es imposible, olvídalo.

IR: En EE.UU. aún hay gente que se mantiene con cierta independencia, como Brad Pitt sin ir más lejos. Con su productora *Plan B* ha realizado películas bastante relevantes en la última década gracias a su influencia.

EU: Pero esos casos son una *rara avis*. El sistema está como está.

IR: Voy a sacarte el tema de la crítica, un tema espinoso para muchos directores. Santos Zunzunegui, en su libro *Conexiones*, le dice a Asier Aranzubia que el crítico que opta por convertirse en un mero eslabón de la cadena de valorización de un producto audiovisual no tiene «nada» que decir, ni al cine, ni al público, ni a los cineastas. Y que es penoso ver cómo cineastas sostenidos por la crítica industrial desean la desaparición de la verdadera crítica. ¿Qué opinas? ¿Crees en la necesidad de una crítica franca, que esté emancipada de la industria?

EU: De entrada, con todos los respetos, de la despoblación de la verdadera crítica tendrán algo que ver ellos, digo yo. Es lo que comentábamos al principio... Y lo otro es cierto. La crítica... ¿qué crítica? Ahora hay comentaristas. Yo he aprendido mucho de algunos críticos. Recuerdo a José María Latorre, a Miguel Marías, Carlos F. Heredero, que es un pedazo de señor y que ahora ha publicado un libro magnífico, *Iceberg Borau*, sobre José Luis Borau. Yo les he leído a todos y tengo el *Dirigido por* subrayado de cuando era joven. Pero la crítica comentarista, la de la radio, es de pena. Y la de la tele, aterradora. Es gente, que no sabe nada de cine, que comenta películas.

IR: Yasujiro Ozu afirmaba que a lo que íntimamente aspiraba era a ser un buen artesano. ¿Qué podemos definir como artesanía en el cine? ¿Oficio? ¿Arte? ¿Industria? Sobre todo en el contexto del cine español y/o del cine vasco. Víctor Erice, por ejemplo, ha dicho alguna vez que el cine español ha sido tradicionalmente un «fantasma industrial».

EU: Artesanía ha habido siempre. Lo del «fantasma industrial» es otro nivel de conversación, supongo. ¿Pero qué es artesanía? Puede ser lo que hace un carpintero de rodaje, un iluminador, un buen operador de cámara, el constructor de decorados, un montador cuidadoso... Todo eso son artesanías. Aquí hemos tenido a Emilio Ruiz del Río, miniaturista, pintor de mate excelente que ha trabajado con los mejores de Hollywood.

IR: Hombre, en la dictadura había una industria bastante estable –ideológicamente cuestionable o no, ese ya es otro tema–. Pero podemos hablar de Rafael Gil, etc.

EU: Claro, había estudios con una producción muy sólida. Obviamente al servicio, del régimen, pero bueno... estamos hablando de artesanos, no de activistas políticos.

IR: El Hollywood de la era dorada tampoco se caracterizó por ser muy progresista... Pero, volviendo al cine clásico realizado en la industria española, ¿cuál crees que podría ser la película definitiva que representa la artesanía de calidad? Ya sabes, la famosa fórmula de éxito de público y también de crítica... Muchos se ponen de acuerdo con *Los Santos Inocentes.*

EU: No debería ser noticia que *Los Santos Inocentes* sea una película sólida y bella. Es que eso lo sabe cualquiera. En la serie *Fortunata y Jacinta*, ¿que veían? En *Con el viento solano...*, que es excelente. Camus es bueno desde el principio hasta el final. Es un narrador extraordinario y un gran cineasta. Y un tío humilde y silencioso, que también se agradece. Y bastante más importante que un montón de estrellitas del rock and roll que ves por ahí... *Los Santos Inocentes*, aun siendo estupenda, no es la película que más me gusta, desde luego, pero, es la que homologó a Camus.

IR: También quizá *La colmena*. José Ruiz, en la entrevista previa al estreno de *Los Santos Inocentes* que le hizo a Camus en Cannes, le decía... «En ocasiones te han catalogado como artesano, pero después de tus últimos trabajos se te ha empezado a considerar como "autor". Muchos de nosotros seguimos creyendo que sigues siendo el mismo buen director de siempre». El documental de Sigfrid Monleon, *Camus, según el cine* despeja toda duda. Esto es aplicable también a Aranda. Camus, como muchos otros, no tuvo escrúpulos para enfrentarse a los formatos televisivos. De hecho fue casi pionero con series como *Los camioneros*, *Curro Jiménez*, *Fortunata y Jacinta...*

Ahora, existe un debate importante en el tema de los formatos narrativos. Tú te has adaptado muy bien a la ficción de las plataformas (la evolución natural de las series de televisión). Aparte de estas últimas, ya hiciste *Pepe Carvhalo* en su día.

EU: Es que en realidad todo esto de las series no me ha pillado por sorpresa. Es lo que dices, ya hice televisión hace 30 años –*El hermano pequeño* de *Pepe Carvalho*–. ¿Cuál es el misterio? ¿La irrupción de las plataformas? Es el mercado. Hombre, hay un par de cambios importantes... cómo se hacían las series hace varias décadas y cómo se hacen ahora, y mirándolo desde el punto de vista económico. Es todo muy americano, incluso el departamento legal. Tienen que responder con resultados. Aquí se hacía un cine, por ejemplo en los 80, con gran presencia de Televisión Española... las series como *Fortunata y Jacinta* o todo lo que se hizo después con la «Ley Miró». Pero mucha gente te dirá que era un cine altamente subvencionado, que no todo funcionaba bien en la taquilla, y que, en parte, es culpable de la devastación industrial del cine español. Ese discurso planea constantemente. Por otra parte, toda esta «nueva televisión» que son las series de las plataformas, no se rueda ni se afronta igual que aquellas ficciones de hace 40 años. Ahora está más intermediada. Tiene más marketing de arranque, están más medidas.

IR: Algunos críticos creen ver en todo esto una repetición de los estilos y requerimientos de Hollywood, lo que era el sistema de estudios en su época, pero trasladado a las plataformas. Ya sabes... el sello Netflix, el sello del otro...

EU: Totalmente. Y yo lo he dicho en varias entrevistas. Es que es así. Pero es incomparable, porque los que crearon Hollywood eran gente con vocación de cineastas. Hoy en día, esta gente de las plataformas no viene de ahí. Podrían estar en una fábrica de yogures muchos de ellos, supongo.

IR: Edward Dmytryk, que trabajó como artesano toda su vida en Hollywood criticó en los años 60 la irrupción en la industria de ejecutivos que poco o nada tenían que ver con el mundo del cine. Porque el sistema de estudios, como tal, desaparece a finales de los 50. Es el fin de una era.

Volviendo a las series, Juan Manuel de Prada definió hace unos años el fenómeno del consumo de ficción de las plataformas... «Las series son el nuevo libro de los que no leen». ¿Qué opinas?

EU: Sí. Comida rápida. Que vaya más rápido, que tenga más ritmo. Porque nos da miedo que el espectador se vaya. Lo que comentábamos antes.

IR: ¿Hay un cambio generacional a nivel estilístico, en la forma de asimilar la imagen?...

EU: Hay una forma de no tener ni idea de leer una imagen. Volvemos a lo mismo. Lo veo todo a 2X y «vámonos que he quedado».

IR: A nivel cultural, muchos nuevos realizadores se jactan de no tener conocimiento cinéfilo.

EU: Es la estupidez generalizada. Es una defensa del desconocimiento, absolutamente interesada, en parte, y totalmente estúpida. Es decir, ¿es mejor no saber nada? Claro que sí, así vas a ser el más original, magnífico. Es de una ingenuidad...

IR: Si, de hecho, cuando estrenó *2001* y le preguntaban por el carácter transgresor de la película, Kubrick afirmaba que es imposible innovar simplemente destruyendo. No puedes romper la cadena.

EU: Picasso pintaba como Velázquez a los 11 años. Entonces, a los 17 dijo... «Se acabó, hasta aquí hemos llegado. De aquí no paso». Claro, hay que romper algo. Pero sabía pintar como Dios y sabía lo que rompía y sabía por qué lo rompía y hacia dónde lo hacía. Era, cualquier cosa menos un analfabeto. Pues lo mismo.

IR: ¿A todo esto, cómo has vivido el mundo de la transición de película a digital? ¿Fue una decisión personal tuya? ¿Te lo impusieron?

EU: No queda otra. Fue después de *No habrá paz para los malvados*, tuvimos que pasar a digital. Ahora compartimos con Unax la aventura paradójica de rodar en digital y que parezca celuloide. Así de ridículo. Una estupidez. Los que pueden ruedan cine, claro. Y hacen bien. Tarantino, etc.

IR: ¿Crees que hay esnobismo en seguir rodando en cine en la actualidad?

EU: No me lo parece. Un rodaje digital no tiene nada que ver con un rodaje en analógico. El que rueda en analógico se enfrenta a retos importantes, hoy en día más, y se merece todos los respetos. Y, luego, nada que ver con la textura. Ahora todo es un barrido electrónico.

IR: En tus dos últimas series *Libertad* y *Cuando nadie nos ve* tienes como protagonistas a mujeres. ¿Ha sido una decisión tuya desde un principio?

EU: Puede parecer lo contrario pero no hay ningún marketing. El personaje de *La Llanera*, tiene una larga precuela escrita por Miguel Barros hace años que se valoró como base argumental para hacer la serie. El guion de largometraje que tenía escrito Miguel contaba la historia de Lucía, *La Llanera*, hasta que la metían presa. Y a la hora de escribir la serie, Miguel propuso, y Michel y yo estuvimos de acuerdo, contar su historia 17 años después, cuando sale con su hijo del presidio. Y eso está ahí desde el principio. Nadie dijo «que sea una mujer». De hecho fue un hándicap, porque todo el mundo esperaba una película al estilo *Curro Jiménez*, muy violenta y muy de Urbizu, y era la historia de una madre y un hijo. Entonces se quedaron...

«¿qué hacemos con esto?». Pero no, no hay ningún marketing en esa decisión. Y con *Cuando nadie nos ve* tampoco. Por desgracia no sabemos especular de esa manera (risas). Siempre nos han dicho... «Con esto no vais a ninguna parte». Desde *Todo por la pasta. La caja 507* no gustó a nadie, no creían en el guion. Modesto Pardo... «buf, qué coñazo». Papeles, bancos... *No habrá paz para los malvados*, «¿por qué bebe? No hay historia de amor. ¿La jueza no puede ser más sexy...?». Así todo el rato. Todo problemas.

IR: En los inicios del cine mudo los directores eran quienes lideraban el proyecto y rodaje de las películas (Chaplin, Griffith...). Con la implantación del sistema de estudios fueron los productores quienes tomaron las riendas. Cuando el monopolio de estudios fue disuelto en los 50, los intérpretes fueron quienes tomaron la delantera y dirigían las producciones y escogían a los directores... Hace ya un par de décadas hay una corriente dominante donde aparece el o la guionista, bajo el sobrenombre de *showrunner*. ¿Quién o qué crees que tomará el relevo? Y se lo pregunto a un guionista profesional.

EU: Claro, ahora los jefes son los guionistas (risas). O eso piensan... Más bien les ha dado una insolación... Bueno, efectivamente, los guionistas tienen mucho mando en plaza y necesitan realizadores que obedezcan sus órdenes. Los resultados son, a mi juicio, bastante deficitarios. Aquí siempre ha mandado y sigue mandando el capital. Ni el guionista ni nadie. El guionista es un sumiso al capital financiero. Y esto del showrunner ya está inventado y se llama «producción ejecutiva». Entonces, cuando el showrunner, que es el que controla la forma cinematográfica, al director, el montaje, el guion, el casting, en definitiva todo, resulta que no sabe de nada de todo eso. No sabe rodar, No sabe producir... pero es el showrunner. Por supuesto que depende de quién sea. Pero, en cualquier caso, es un espejismo. A esa figura se le llama productor ejecutivo.

IR: Ahora el acento está en la IA.

EU: Si, pero da igual. Si no hay un punto de vista personal, un compromiso con la historia y con el relato, no hay nada.

IR: Es cierto que cada época tiene sus códigos, su lenguaje... y que el espectador acepta como válidos o aceptables, que no le «saquen» de la historia. Por ejemplo, mucha gente critica hoy en día las transparencias (retroproyecciones) de los coches del cine clásico. Algo que se comenta mucho es que el hecho de contar la historia de un personaje a lo largo de su vida, con distintos interpretes según la edad (niño, adolescente, adulto) será un código narrativo que desaparecerá con la implantación de la IA. Salvo que hagas un experimento como Richard Linklater en *Boyhood*. Es que, si nos fijamos, uno de los sectores más vulnerados es el de las actrices y los actores. Por ejemplo, todo lo que se ha hecho con el rejuvenecimiento facial en la película *El irlandés* (*The irishman*), de Scorsese. La última de *Indiana Jones* que hemos citado antes. En otras películas como las actuales de *Star wars* se vuelve a emplear a actores y actrices ya fallecidos. Hay una película de Ari Folman, *The congress*, que habla precisamente de todo eso.

EU: ¿Qué quieres que te diga? Más devastación. Más clientes y cero espectadores. Basura para el alma. Eso es lo que viene. Y que la gente ve una transparencia en las películas clásicas y dice «noto la transparencia». Claro. ¿Y si vas al Museo del Prado y te plantas ante una tabla románica, dices «qué cabezones pintaban, ¿no? Qué mal dibujado está esto».

IR: Quitando los proyectos que no te han salido, has tenido cierta regularidad en tu tarea. ¿Trabajas con un agente o alguien que te represente a la hora de buscar nuevos proyectos?

EU: El agentes es necesario, pero nunca lo he tenido, aunque hoy en día, me vendría bien tener uno porque, para empezar, valorarte tú mismo en un despacho es engorroso. Hay momentos en los que exigir las condiciones pactadas se te hace cuesta arriba… Hoy en día los agentes conciertan talentos… tienen guionistas, directores, actrices y actores… Pueden hacer una envolvente para presentar en plataforma o en televisión, que puede ser de gran ayuda. Los buenos, además, se mueven muy bien también con los productores de plataformas, de televisiones y demás. Yo hasta ahora no me he movido con un agente y supongo que, para bien o para mal, hubiera sido diferente. Tampoco se me ha presentado nadie con un… «Enrique, no te preocupes, yo me encargo. A ver, cómo va esto. ¿Qué tienes por ahí?».

IR: Hay unas declaraciones de Antonio Drove que son muy reveladoras respecto a las posibilidades reales de trabajar como artesano en la industria española de la época: «Yo pensaba que si podía demostrar que era un buen profesional, rápido y barato –hasta el conflicto de *La verdad sobre el caso Savolta* tuve cierto prestigio en este terreno–, y la película tenía éxito, que a la próxima tendría más libertad. Pero la práctica me demostró que esas leyes, que puede que tengan vigencia en Hollywood, aquí no valen para nada. En ese momento llegué a la conclusión, como antes dije, de que nosotros nunca estuvimos en el río Mississippi».

Enrique, cambiando de tema, ¿has tenido oportunidad de ver tus películas en retrospectiva?

EU: Poco, intento no hacerlo.

IR: ¿Cómo crees que han envejecido?

EU: *La caja 507* y *La vida mancha* creo que están envejeciendo bien. *Todo por la pasta...* parcialmente mal. No está mal del todo. La parte gamberra, femenina y punki está muy bien. Y lo que dicen de los GAL también. Pero formalmente sí que ha envejecido. No por moda, sino, por lo que decía, la mezcla... No sé qué decirte. Nos ha pasado muchas veces que cuando se ha estrenado una peli ha sido ninguneada o poco valorada y con los años se ha convertido en una película muy musculosa. Tanto a *La caja 507* como a *La vida mancha* les ha pasado eso. Hoy en día son casi intocables y en su momento ni las vieron.

IR: Pero la recepción crítica fue muy buena para las dos, ya desde el principio. Y la taquilla de *La caja 507* también.

EU: A medias. *La vida mancha* es una película de culto, prácticamente casi desde que salió. Yo me acuerdo de que, de alguna manera, venía del boom de *La caja 507* y luego me acuerdo de que *La vida mancha* no funcionó en taquilla y dices... «joder...».

IR: ¿Con qué película te quedas?

EU: Con *La vida mancha*. Es la más difícil. Todo lo que hemos hablado hasta ahora. Dónde pones la cámara, cómo planificas... Era todo «invisible». Un thriller de acción es un tío que entra por la puerta y da una hostia. Aquí dices acción, ¿y qué pasa? ¿Cómo te miro? Un silencio... El afeitado entre el tío Pedro y Juana...

IR: Y, aunque no sea la mejor, ¿la que mejor crees que te representa?

EU: *La caja 507*. Es sistémica, meticulosa, milimétrica, cerebral, nítida, política, cabreada, con razones, con paisaje... Si sé hacer algo es algo muy parecido a eso.

IR: ¿De la que menos orgulloso te sientes?

EU: *Alatriste*. Fue un fracaso en toda regla, en lo personal, en lo artístico, en lo industrial y en lo profesional.

IR: Cítame tres películas y tres cineastas.

EU: Buf, es que ahora son tres, por la tarde serían otras tres y mañana serían otras tres. Como pasa siempre con las listas.

IR: Como se suele decir, ¿cuál es la mejor película de mi director favorito? La última que veo (risas).

EU: Claro. La que vi ayer. Pues, a riesgo de ser culpable de evitar compromisos contemporáneos... John Ford tiene que estar... *7 mujeres* (*7 women*), *Barco a la deriva* (*Steamboat round the bend*), que son magníficas y no tienen nada que ver entre sí, pero... Fritz Lang tiene que estar... Y Jean Renoir, ya solo por principios. Un tío que ve la vida y el cine así tiene que estar para que nos salve a todos. Nunca he intentado hacer cine como Renoir, pero es que creo que es imprescindible que exista el cine como Renoir. ¿Quién más? Muchos. Pasolini, Dreyer, Lynch... Buñuel, que siempre se nos olvida. Buñuel es el más importante.

IR: Has citado unos cuantos.

EU: Claro, y no he citado a Murnau. ¿Y películas? *El cazador* (*The deer hunter*) de Cimino, por ejemplo, *La puerta del cielo* (*Heaven's gate*), que es mejor que la anterior, *Pat Garrett y Billy el niño* (*Pat Garrett and Billy the kid*) de Sam Peckinpah, *La cosa* (*The thing*) de Carpenter...

IR: La original producida por Hawks también es estupenda.

EU: La original es muy buena, sí. La vi además de pequeño y me encantó. Cuando se estrenó la de Carpenter coincidió con *Alien*, que sigue siendo un truño. Alex de la Iglesia y yo estábamos todo el día discutiendo porque Alex y los suyos eran de Ridley Scott y nosotros éramos de Carpenter.

IR: ¿Te acuerdas de la crítica de *La caja 507* que Ángel Fernández Santos hizo para *El país*?

EU: No...

IR: Ya que hemos hablado antes de *Río Bravo*, creo que viene a cuento recordarla, con todo su barroquismo. Decía... «La imagen de esta notable película es un foco hipnótico que crea velozmente una fortísima tensión de espera y de intriga. Este empuje y estas calidades iniciales la convierten en una película de arranque lacónico, casi mudo, antes de que –tras el nuevo golpe de crescendo emocional súbito, casi instantáneo, creado por la irrupción de otra presencia, la de José Coronado– la pantalla se ensanche, se vuelva locuaz y así duplique su envolvente, rotunda, exacta, magnífica elocuencia». Y añadía, «Es difícil decir tanto con tan poco, dar tanta turbulenta elocuencia a una pantalla tan despojada».

¿Se te ocurre algo más que añadir?

EU: ¡No, por Dios! (risas)... Hemos dado un buen repaso a todo, ¿no?

Colectivo MORIARTI

Aitor Arregi
(Oñate, 1977)

Jose Mari Goenaga
(Ordizia, 1976)

Jon Garaño
(Astigarraga, 1974)

Imanol Rayo: De todos los cineastas que hemos reunido en este libro, sois los únicos que empezáis a hacer cine en el siglo XXI. Por lo tanto, podemos hablar de la era *millennial* o de la postmodernidad... Un tiempo donde la enseñanza cinematográfica y la oferta formativa son muy amplias, están al alcance de cualquiera. ¿Cómo surgió Moriarti?

Jon Garaño: Moriarti nació el año 2000. La culpa la tiene el Aula de cine de Sarobe CAE (Centro de Artes Escénicas) de Urnieta, que fue donde nos conocimos. Yo acababa de terminar Periodismo –Publicidad y Relaciones Públicas–. Aitor Arregi, Jose Mari Goenaga y Xabier Berzosa venían de empresariales. Y en Sarobe conocimos también a Jorge Gil, que hoy en día es guionista. El curso tenía una duración de un año y lo impartían profesionales del sector del cine. Por ejemplo, nuestro profesor de guion fue Michel Gaztambide, el de dirección Enrique Urbizu, Txarli Llorente el de ayudantía de dirección, Kike Santiago el de dirección de actrices y actores, y Esperanza Luffiego la coordinadora... La verdad es que estuvo muy bien, a pesar de que la escuela desapareciese más tarde. La cuestión es que al finalizar el curso, nos quedamos sin saber qué hacer. Entonces, se nos ocurrió juntarnos y crear un grupo de trabajo. Y a ese grupo lo llamamos Moriarti, y así, poco a poco, empezamos a realizar cortos. El concepto era muy claro... cada uno de nosotros escribía un guion y luego lo dirigía. Y, mientras uno dirigía, el resto lo ayudaba en otras funciones importantes (uno como ayudante de dirección, otro responsabilizándose de la producción, el siguiente de ayudante de producción y el último de script). Una rotación que se repetía hasta que cada uno de nosotros hubiera pasado por todos los puestos, y así fue como realizamos cinco cortometrajes (uno por cada miembro). Y fue como surgieron nuestros primeros cortos, muy *amateurs*, dirigidos por Xabi, Jorge y Aitor. Los hicimos con el material y la ayuda de la Casa de Cultura Larrotxene de Donostia. Uno de ellos, *Nora hoa, Bixente?*, escrito y dirigido por Aitor, recibió algún que otro premio y nos sirvió de acicate para seguir intentándolo.

El siguiente turno fue el de Jose Mari. La historia de *Tercero B* nos gustó mucho y, motivados, en parte, por los premios del corto anterior, decidimos hacerlo de una manera más competente. Así surgió nuestro primer «cortometraje profesional», con gente como Javi Agirre (fotografía), Iñaki Diez (sonido) o Pascal Gaigne (música), con quienes seguiríamos colaborando en adelante. El cortometraje ganó varios premios y en el año 2001 decidimos fundar oficialmente la empresa Moriarti Produkzioak.

Jorge era el más joven –tenía dieciocho años– y se fue a Madrid a estudiar guion a la ECAM. Por lo tanto, al formalizar la productora necesitábamos otro socio, y entró Asier Acha (que actualmente no trabaja en nuestro sector). Y, de alguna manera, esa filosofía colaborativa inicial la hemos mantenido a lo largo del tiempo. Curiosamente, al principio, los cortometrajes los dirigíamos individualmente, no en grupo, como ocurre con los largometrajes. Cerramos el ciclo de los cinco cortos, de forma totalmente profesional, en 2008 con *On the line*, dirigido por mí. Mientras tanto, empezamos a trabajar para otros, a escribir guiones, desarrollar ideas, hacer vídeos… Hasta que realizamos el documental *Lucio*, un proyecto que llegó a ser muy importante para nosotros, porque funcionó muy bien y porque, de alguna manera, nos llevó a poder producir *80 egunean*, nuestra primera película de ficción. Ahí decidimos dejar de trabajar para los demás y centrarnos exclusivamente en nuestras producciones. Y, bueno, la apuesta parece que salió bien, porque aquí seguimos…

IR: Recuerdo que cuando estrenasteis *Tercero B*, yo estudiaba en Andoain y Yolanda, la profesora de realización, nos proyectó el corto. Entre otros motivos, porque en él participaba mucha gente de la escuela, como el profesor Meno Martín, en la dirección artística, o el exalumno Javier Agirre, en la fotografía.

¿Qué es el cine para vosotros? ¿Una manera de contar historias? ¿Una exploración de formas? ¿o un equilibrio entre ambas?

Aitor Arregi: Creo que las tres opciones no son excluyentes. Se han visto muchas películas que exploran diferentes caminos para contar una historia, hay muchas que juegan con las formas y, por supuesto, están aquellas que quieren conseguir ese equilibrio entre una forma de cine y otra. Todo es posible. Quizá sea una manera muy simple de explicarlo, pero pienso que el cine puede ser «lo que tú quieras».

JG: Sí, estoy completamente de acuerdo. El cine se puede entender de diferentes maneras. Muchas personas pueden considerarlo como un arte y otras como un producto audiovisual. El cine puede ser «bueno» o «malo». Formalmente puede ser estimulante o lo contrario. Es muy importante saber para quién se hace cine y en función de eso hacerlo de una manera o de otra. Yo, por ejemplo, como espectador, a veces puedo interesarme por un tipo de cine y a veces por otro. Y también me he dado cuenta de que he ido cambiando con los años. Quizá en otro tiempo, sobre todo, le daba importancia a lo formal, porque me atraía, y quizás, con los años, haya cambiado. Pero, resumiendo, diría que para mí, en el cine, todo tiene cabida.

Jose Mari Goenaga: Sí, yo creo que es algo que ocurre en todas las disciplinas. En música, en literatura... Hay algunos que están a la vanguardia y otros que tienden a ofrecer lo de siempre. Por un lado hay novelas experimentales o «cultas», pero por otro te das cuenta de que los libros que más se venden son los *best sellers*. Y estos normalmente tienen una estructura muy clásica. En el cine ocurre lo mismo. Yo creo que, sobre todo, consumo ese tipo de cine. Hay días en los que no sé si me veo a mí mismo como cinéfilo. Veo cine y me gusta mucho, pero me doy cuenta de que existen unos niveles que yo no tengo. He visto un par de películas de Agnès Varda y me siento un poco extraño en ese mundo. Yo veo un cine más convencional. Eso no quiere decir que no valore ese otro. Porque, en mi opinión, para que la historia del cine «progrese» hace falta, precisamente, ese otro cine, que no es el que yo más consumo.

IR: ¿Creéis que cada película es el reflejo del tiempo en el que se ha creado? ¿Muestra necesariamente el interés o las inquietudes de los creadores de la época?

JG: A mí me parece que sí, o tengo esa sensación. Y además es muy interesante porque cuando se rueda una película histórica se narra siempre desde el punto de vista actual, ¿no? Es muy bonito ver de nuevo cómo se trabajaban las distintas épocas en las películas antiguas... la ciencia ficción, el futuro o la antigüedad... Estoy viendo algunas que se rodaron en Euskadi en los años 80 y 90 y me resulta muy interesante verlas con perspectiva. Eso es lo que da riqueza al cine, como al resto de las artes.

IR: Para muchos, las películas históricas son documentales de la época en la que se hicieron, más que de la época que retratan.

AA: Sí… y hay un tipo de gente que, aunque vive en el presente, razona como si fuese de otra época. Puede que, en cierto modo, tengan un pie en el pasado. Y en el cine, según cómo sea la visión del director, yo siento si esa persona conecta con la realidad presente o pasa de ella. Aunque, quizá ese «pasar» pueda ser otra forma de vivir la realidad…

JMG: Es que, de una forma u otra, estás ligado a tu realidad, y el espectador también participa de ello. Como dice Aitor, en el cine podemos encontrar un «José Luis Garci». Pero, por otra parte, no es el mismo Garci el de la película *El crack* de 1981 –que trata la realidad del momento– que el de *El crack cero* de 2019 –que es una peli «retro», de época y nostálgica–. Garci, como ser humano, ha cambiado su pensamiento, su visión de las cosas… En cierto modo es un ejercicio interesante para reflexionar.

IR: Creo que tras terminar *Asignatura aprobada*, Garci comentó que no le interesaba más tratar el presente y que, desde entonces, haría películas de época.

JMG: Por un lado, nosotros siempre hemos sido muy clásicos en la forma de contar, o eso me parece. Pero en algunos momentos pienso que «¿no me estaré quedando un poco al margen de la realidad?». Y ese miedo existe siempre. Aunque también me parece que es algo muy humano y que nos pasa a todos. Al final envejeces y corres el riesgo de estar cada vez más fuera de la dinámica social, y es algo que ocurre.

JG: Una película es la extensión de un creador y lo que, de alguna manera, no puedes hacer es luchar contra ti mismo, porque puedes recalar en una pose por hacer algo que está de moda, más moderno o más *cool*. Algunos autores deciden que no quieren ser parte de eso y prefieren ser ellos mismos. Están en otra escala, van por otro camino, y eso es un reflejo de su instinto. Y eso también los hace interesantes.

IR: ¿Una película debe ser válida solo en el momento que sale a la luz o también a futuro?

JMG: Es difícil decirlo. Porque hay películas que son hitos, pero que a ti no te gustan. Y quizá muchas películas que beben de esa experiencia y que se estrenan más tarde, te puedan gustar más que la primera. ¿Entonces cuál es la que tiene más valor? No lo sé. En la primera entiendo que puede haber un valor histórico. Bueno, casi nunca es la primera, siempre se viene de algún lugar. Pero hay quien marca un punto de inflexión, y eso es lo importante. Es difícil de medirlo. Creo que ahí hay una dimensión histórica y que hay que darle su valor a cada película. Y luego está tu propia experiencia personal y tu experiencia como espectador. Lo que eso aporta.

JG: A mí, las películas que más me interesan son aquellas que perduran más allá de su época. Las que después de diez años siguen estando igual de vigentes. A veces se menciona a Tarantino, para despreciarlo y proclamar que el cine que hace es un pastiche de muchas películas. Pero, claro, lo que no dicen es que ahí hay una mirada con un estilo muy personal. Un ejemplo de ello es que mucha gente copia a Tarantino. Y el resultado no es más que una parodia. Es verdad que esas películas de artes marciales o *kung-fu*, que Tarantino veía, me resultan insoportables, pero me sirven para darme cuenta de que son imprescindibles en su formación. Por lo tanto, hay que atribuir su valor a todo, por así decirlo.

AA: Si se hiciera una encuesta, mi sensación es que a la mayoría de los directores le gustaría que su película perdurara. Y yo creo que eso no depende de uno mismo.

IR: ¿Cuáles son vuestras influencias? Cinematográficas o no, sean estéticas, artísticas, sociales… ¿De dónde creéis que os nutrís?

AA: Creo que cada uno de uno de nosotros nos alimentamos de muchas cosas. Después, la confluencia de todo ello es muy importante, la influencia que se produce entre nosotros. Porque la convivencia te alimenta mucho y moldea tu gusto.

JMG: Yo diría que no tenemos demasiada «sabiduría» artística. Nuestros referentes son los que buscamos en cada momento. No hay profundidad, y lo digo con total sencillez. Pero si tengo que mencionar una influencia, sería Hitchcock. Creo que lo he tenido siempre en mente. Especialmente a la hora de escribir. No tanto a la hora de planificar. Siempre tengo muy presente cómo maneja o dosifica la información… «¿Qué sabe este personaje en este momento? ¿Qué sabe el espectador? ¿Qué momento es el mejor para que sepa esto, antes o después?» Si muestras todo al principio de la secuencia, funcionará de una manera. Si lo haces más tarde, añadirás ideas y harás un *link building*… En ese sentido, mi herramienta más clara es el sentido común. Crear mediante la lógica.

JG: Muchas veces nos han preguntado cómo empezó nuestra cinefilia… y decimos siempre que Jose Mari y yo vimos en los 80 un ciclo sobre Hitchcock en TVE que nos marcó. Fue un descubrimiento increíble. Eso y haber leído el libro de Truffaut, *Le cinéma selon Alfred Hitchcock*.

JMG: Sí, es cierto…

JG: Con ese libro aprendes muchísimo sobre cine, te hace ver cómo se «cuenta» una película. Y yo creo que haberlo leído en un momento concreto influyó mucho en mi vida. También mencionamos como influencia a David Lean, porque cuenta las cosas a gran escala pero lo contrarresta con la intimidad de los personajes, y cuida mucho el contexto político-social… Para nosotros es muy importante estar centrados en los personajes, pero siendo conscientes de lo que sucede alrededor. Personajes atravesados por la historia (la época histórica).

AA: Hitchcock es importante para nosotros, pero en la puesta en escena yo mencionaría también a Spielberg. Personalmente, a mí me ha marcado completamente. Y, además, al hilo de lo que hemos comentado antes, acerca de vivir en el presente, creo que Spielberg siempre ha tenido la «antena» muy conectada a su tiempo, sobre todo con los jóvenes. A menudo, cuando estoy en un rodaje y no sé cómo sacar adelante un plano, siempre pienso… «¿Cómo lo haría él?».

JG: Sí, pero, en mi caso, me interesa más cómo lo cuenta que lo que cuenta. A menudo tiene un punto de vista muy infantil, las cosas son demasiado simples y eso, en ocasiones, y si hablamos solo de contenido, me saca de la película. Pero luego ves cómo están formalmente contadas sus películas y es absolutamente maravilloso, increíble. Y aún hoy muchos intentan copiar su dinamismo. Mencionamos a Tarantino o a Spielberg pero hay muchos más, Scorsese, por ejemplo. ¿Cuántas personas han intentado copiarle? En las últimas décadas ha habido una tendencia total. ¿Y quién lo ha conseguido?

IR: *Boogie nights* y *Magnolia* de Paul Thomas Anderson tienen una gran influencia de Scorsese. David Fincher en *El club de la lucha* (*The fight club*). Guy Ritchie también…

AA: Por otra parte, hay algunos estilos muy evidentes y otros que no lo son tanto. Cronenberg, por ejemplo, es muy evidente y lo admiras, o también Buñuel, por poner otro ejemplo. Pero te das cuenta de que tú jamás podrás llegar a eso. Como digo, incluso hay otros más invisibles, como Peter Weir. Y te preguntas a ti mismo… ¿Peter Weir tiene su sello? Si coges su filmografía dirías que sí. Pero no es tan evidente. Ese es el tema. Pero para mí, lo evidente es que se trata de un gran autor.

IR: En el caso de Peter Weir se pueden distinguir diferentes épocas. Por ejemplo, al principio era más arriesgado en su estilo formal. *Los coches que* *devoraron París* (*The Cars that ate Paris*), *Picnic at Hanging Rock* y *La última ola* (*The Last Wave*) conforman una época. *Gallipoli* y *El año que vivimos peligrosamente* (*The Year of Living Dangerously*) otra. Y a partir de *Único testigo* (*Witness*) su carrera se hace más «convencional», *El club de los poetas muertos* (*Dead poets society*), etc.

Ya que habéis hablado de Spielberg, este les decía a sus alumnos que olvidaran el concepto de estilo, que no se preocuparan por ser artistas y que aceptaran cualquier trabajo que les propusieran. Que el tiempo diría si llegan a serlo o no. En definitiva, que nuestra identidad se materializa en cada una de las acciones que realizamos. Y que, en la mayoría de los casos, son involuntarias. Que, por lo tanto, todo lo que hacemos habla de nosotros... cuanta menos autoconciencia, mejor. ¿Qué os parece?

AA: No conocía esta cita.

JMG: En nuestro caso, y de esto hemos hablado muchas veces, puesto que hacemos el trabajo en equipo, me pregunto... ¿dónde está el estilo? Bueno, quizá no tengamos estilo y ese es el resultado (risas). Pero quiero creer que puede haber algo, aunque sea mínimo. Por supuesto, que no hay un estilo portentoso o demasiado evidente, pero quiero pensar que puede haber algo, y no lo digo con pretensiones. Y también me gusta pensar que el estilo no está solo en la cabeza de uno, sino que surge en las dinámicas de trabajo, que es algo que se puede crear. Después, es verdad que en un rodaje participa mucha gente, y algunos, al menos, con un evidente peso creativo. Pero además, en nuestro caso, somos dos o tres directores, según la película. Y creo que ahí, si hubiera estilo, sería como resultado de esas dinámicas de trabajo y de esas tensiones que se pueden generar entre nosotros. Diría que nuestros tres cerebros forman uno solo, y que el resultado es nuestro estilo.

AA: Por lo tanto, nuestros cerebros tienen estilo (risas). Bueno, somos algo así como un «Frankenstein», ¿no?

JMG: Pero en cualquier caso ese estilo no es algo impuesto...

JG: No sé cómo se puede interpretar eso... Más de una vez hemos intentado hacer algo «diferente», romper con lo anterior, y luego nos damos cuenta de que no somos capaces, de que, de alguna manera, estamos haciendo siempre la misma película. No es la misma película, pero hay muchas cosas que se repiten y nos decimos... «¿Realmente somos incapaces de salir de esto?». Entonces uno ve el estilo como algo positivo. Pero también puede ser algo que «ata» y que genera la sensación de que te limita.

Si tuviésemos que definir nuestro estilo, yo diría que «a nuestro "Frankenstein" le interesan estas historias y las cuenta "de esta manera"».

AA: Cada uno de nosotros tiene sus preferencias, también. Yo, por ejemplo, tengo un gran problema con las películas que narran de una determinada manera sin motivo aparente. Sobre todo en lo relativo a la forma. Por ejemplo, un plano-secuencia sin justificar. Veo que mucha gente ensalza eso y a mí me llama mucho la atención, porque creo que hay algo de hipocresía. A menudo, me parece que el concepto de estilo se ha prostituido un poco, que hay mucha pose.

IR: Rudolf Arnheim decía que la buena forma es la que no se nota...

JMG: Pero no sé si estoy de acuerdo. A mí me gusta cuando algo se nota, es divertido. Creo que hay algo interesante. Y, aparte, también está la vocación de cada uno.

IR: ¿Cuánto tiene un cineasta de genio y cuánto de oficio aprendido? ¿Creéis que de verdad se puede disociar a los genios y a los artesanos?

AA: Si tengo que elegir, yo creo que nuestro caso es claramente el de oficio (risas).

IR: Bueno, muchos se han manifestado en esos términos y luego el tiempo ha dicho otra cosa...

AA: Yo no lo digo con falsa humildad... Cada uno de nosotros tiene sus peculiaridades y puede admirar al de al lado... Pero también es cierto que estamos muy contagiados y tendría que venir alguien de fuera a decir «¡Genialidad!». Supongo que los grandes tienen mucho de genio y mucho de oficio. Por ejemplo, Garaño habla de Martin Scorsese. Yo creo que Scorsese está en el «Olimpo» porque tiene mucho de los dos, porque se vale de un estilo narrativo creado por él mismo y porque de sus treinta películas veinticinco son muy buenas. Y eso te lo da también el conocer el oficio. Y cuando tiene 73 años dice de pronto... «Me voy a arriesgar y voy a hacer una macarrada, *El lobo de Wall Street* (*The Wolf of Wall Street*), y la siguiente, *Silencio* (*Silence*)». No sé cuál es el porcentaje, pero para hacer una obra maestra necesitas tanto de genio como de oficio. Y para vivir del cine, al menos, sí necesitas el oficio. Nosotros tenemos la sensación de que, por ejemplo, la grabación de *Cristóbal Balenciaga* nos aportó un «adiestramiento». Sientes que hacer una película tiene mucho de oficio, saber dónde está la batalla, etc. Horas de vuelo.

JMG: Pero, contradiciéndote un poco, creo que también es relativo. Recuerdo que cuando empezamos en esto yo decía... «A mí me gustaría ser un buen artesano. No tengo aspiraciones artísticas». Y puede que siga siendo así, pero también es cierto que luego vas haciendo películas y que, de alguna manera, necesitas tener un vínculo personal con el material. Hablar de ti mismo. Aquí las cosas se complican, porque somos tres. Entonces, no hablaríamos tanto de nosotros a nivel personal, pero sí de ese Frankenstein que creamos. Ese Frankenstein se quiere expresar. No sé si eso es una pretensión artística.

JG: Quizá la palabra «artística» se nos hace demasiado grande, pero al final es una expresión que sale de dentro. Sea en un sentido mayor o menor, es artística. Podríamos hacer *La trinchera infinita* diez mil veces, pero decidimos contarlo a través de los ojos de un personaje. Esto supone ponernos unos límites y también algunos quebraderos de cabeza. «A ver cómo lo contamos...» O, si en *Marco* la frontera entre la ficción y la realidad es uno de los temas, a veces la presencia de la cámara se notará y otras lo contrario. Tratamos de expresarlo de una forma singular, propia.

IR: Ya lo habéis avanzado un poco al principio pero, ¿cómo os repartís los trabajos... el guion, la dirección, la producción? ¿Y por qué?

JG: Es cierto que en algunas películas somos tres los directores y en la siguiente a lo mejor somos dos y eso llama la atención a la gente... «Antes eran tres directores y ahora de repente han mandado al tercero al banquillo y quedan dos». Parece un equipo de fútbol, ¿no? Y, paradójicamente, o al menos eso quisiéramos pensar, nuestras películas tienen cierta coherencia. Nosotros, lo que hacemos es lanzar ideas en común y cuando una tiene éxito la desarrollamos. Entonces, la persona que tiene esa primera idea trabaja un primer tratamiento y, casi siempre, también la primera versión del guion. Aun teniendo el *feedback* de los demás, podemos decir que ese primer paso es individual. Pero después el guion comienza un proceso en el que entran a trabajar dos, tres y hasta cuatro guionistas. Normalmente, nuestro sistema de elaboración suele ser el siguiente... uno escribe, después se discute el resultado en común, otro se lo lleva a casa y continúa partiendo de los comentarios, el guion se vuelve a discutir de nuevo en común y así sucesivamente. Hay guionistas que trabajan juntos en una habitación y que se dicen el uno al otro lo que tiene que escribir, pero nosotros nunca hemos trabajado así. Aunque también es verdad que en la fase final del guion hacemos una especie de «retiro» y ahí sí trabajamos juntos en una misma sala. Por ejemplo, retirarnos tres días a Arantzazu a hablar del guion. Esas estancias son muy productivas. La mayoría de las veces hemos regresado con una energía especial y con el guion más consistente.

IR: Esa forma de trabajar no está muy lejos del *modus operandi* del sistema de estudios de Hollywood, donde las manos invisibles trabajaban como en una fábrica. Como se suele decir, la principal característica que identifica a los clásicos es su estilo invisible.

JG: El que ha tenido la primera idea siempre está en la dirección de la película. El segundo director entra en el proyecto, muchas veces, en función de su disponibilidad. Puede que el tercero haya estado trabajando en otra cosa hasta la fecha y puede que también le llegue su «momento». Por otra parte, hemos podido llegar a decir «me interesa escribir esta historia pero no dirigirla». Después, a la hora de rodarla, el modus operandi es diferente según la combinación de directores. Cuando estoy con Jose Mari intentamos separarnos. Él está más con los intérpretes y yo en el aspecto técnico. En *80 egunean* no lo hicimos y fue un poco caótico. Pero después, en *Loreak*, lo llevamos al extremo y desde entonces hemos funcionado así. Con Aitor mezclamos más la forma de repartir el trabajo, a pesar de que en lo que respecta a su carácter tiende más a la forma de trabajar de Jose Mari.

JMG: Sí, yo siempre digo que Aitor y yo somos más parecidos, nos centramos más en los actores y actrices y en el guion. No digo que no hagamos caso al resto, pero creo que es nuestra tendencia natural.

AA: Por ejemplo, en *La trinchera infinita* el rodaje se dividió en dos partes. En la primera estábamos Jose Mari y yo, y en la segunda Jose Mari y Jon. La responsabilidad recayó en Jose Mari para que las actrices y los actores tuvieran un referente, ya que estaba en ambas partes. Por otro lado, quizá yo no esté tan acostumbrado al ámbito técnico, y puede que no tuviese la destreza suficiente, por lo que el rodaje fue una suerte de aprendizaje.

IR: ¿Cómo os aproximáis a los proyectos? ¿Por el tema o argumento o por la forma que va a tener?

AA: (Dirigiéndose a los otros dos) Dependiendo de la película, ¿no?

JMG: Pero sobre todo por el tema... O, si lo prefieres, partiendo de una premisa.

JG: Sea como sea, es muy importante que la idea nos diga algo, a modo de reflexión. O que nos lleve a pensar cómo lo vamos a contar, qué atractivo tiene. Por ejemplo, *La trinchera infinita* estaba planteada, desde el principio, bajo el punto de vista del protagonista y eso la hacía diferente, atractiva, a nuestros ojos. O que en *Marco*, la ficción y la realidad se mezclaran en fondo y forma.

JMG: Pero diría que la «chispa» es generalmente una premisa. Yo creo que la intuición tiene mucho peso. Por ejemplo, en las reuniones que realizamos, cada uno lanza ideas y algunas son interesantes y otras no. Pero son premisas que nos importan y que todavía no tienen tema. El tema llega muchas veces *a posteriori*. De alguna manera, sabemos que tiene potencial y el instinto nos dice que tenemos que tirar de la cuerda.

JG: Pero no siempre. Por ejemplo, en el caso de *Handia*, ¿qué era lo que nos atraía? Pues ver a un gigante en el contexto del País Vasco del siglo XIX. Eso es una imagen. Fue después cuando elaboramos la historia.

JMG: Sí, es verdad. En cualquier caso, lo que es cierto es que nuestras películas están siempre muy ligadas a la historia, al relato. Y además, creo que no perdemos demasiado tiempo en conceptualizaciones. No nos planteamos un «vamos a hacer un arco dramático que plasme la evolución de un personaje con estos elementos». Generalmente no es así. Nosotros tenemos una idea y luego le damos la forma que necesita. Y normalmente es una forma bastante clásica.

IR: ¿Cuánto tiempo dedicáis a escribir un guion desde la primera idea hasta la versión de rodaje? ¿Sois disciplinados a la hora de trabajar?

JMG: Si la disciplina significa sentarse a una mesa y pasar horas allí, creo que sí somos muy disciplinados. Pero, en mi caso, es cierto que pierdo mucho tiempo. Puedo estar un tiempo ahí sentado, pero de pronto mi mente se dispersa y dejo de escribir. Y puede haber mucha frustración. Cada caso ha sido diferente y, muchas veces, al rodar la película hemos seguido trabajando el guion. Y sucede lo mismo en la edición. A veces hemos logrado tener una primera versión del guion en poco tiempo, pero que, tras meternos en cambios, se ha prolongado mucho.

AA: El tiempo, por decir algo, ha podido dilatarse desde el medio año hasta los nueve meses, pero en cada caso es diferente. En *Cristóbal Balenciaga* estuvimos casi un año, pero es una serie. Tienes que desarrollar la idea, ponerla en capítulos…

JMG: Sí, ahí había ya una propuesta por parte de Lourdes Iglesias. Pero es cierto que cuando entramos en el proyecto nos documentamos y hubo un largo trabajo.

IR: ¿Habéis hecho muchas versiones en general?

AA: Sí, pero hay versiones que entre ellas tienen diferencias de dimensiones muy reducidas –hay veces que se trata de un pequeño cambio de la versión «4.16» a la «4.17»– y otras que cambian radicalmente.

IR: Se suele decir que hay dos tipos de guiones, uno de «trama» y otro de «personajes». ¿Creéis que es así? ¿Por cuál os decantáis?

JMG: Creo que los nuestros son muy de trama. Incluso demasiado «entramados» quizá...

JG: Pero están muy ligados a los personajes. Si ves nuestras películas, al final te preguntas... ¿Qué es lo más importante? Son los personajes... *Marco*, *Cristóbal Balenciaga*, *La trinchera infinita*... *Loreak* puede ser un ejemplo más claro de trama, aunque por otra parte también es bastante de «personajes». Lo que quiero decir es que nuestras películas no están basadas exclusivamente en la trama. No hay ninguna de nuestras cintas que puedas decir que es solo de «trama». Yo diría que son «películas entramadas de personajes».

JMG: De esto también hemos hablado entre nosotros, pero, por ejemplo, si me dices que tenemos que hacer una disección de un personaje, me pongo a temblar. Yo necesito una historia, y esa historia, de alguna manera, me muestra la evolución del personaje.

AA: Los personajes también pueden formar parte de esa «construcción». Por ejemplo, en algún momento, cuando hemos hablado de alguno de ellos, hemos mencionado el término «personaje-herramienta». Esto, normalmente, tiene malas connotaciones, porque le ponemos una funcionalidad...

JMG: Cuando veo como espectador que un personaje «canta» mucho o noto que su función narrativa no está bien integrada, me enfado bastante.

AA: Claro, pero de eso se trata. El concepto de «personaje-herramienta» puede ser el de un personaje bien integrado, con connotaciones positivas. Será más funcional, no tendrá un arco dramático tan definido como los demás, pero puede ser natural. Yo creo que ahí es donde se pone a prueba la profesionalidad del guionista, su artesanía.

JMG: De todos modos, creo que generalmente no entramos demasiado en ese tipo de consideraciones. Diría que actuamos de acuerdo con lo que nos pide la historia, ¿no?

IR: Howard Hawks dijo aquella boutade de que si un guionista no es capaz de contar una historia directamente, sin flashback*s*, es porque no es muy bueno (risas)...

JMG: Pues yo no estoy de acuerdo. Todas las herramientas narrativas están ahí para algo. La cuestión es si las usas bien o no. Nosotros hemos utilizado muchas. Por ejemplo, algo que nos han criticado mucho es el uso de «cartelas» en forma de capítulos.

AA: Yo tampoco estoy de acuerdo con Hawks. Esas «reglas» no tienen sentido porque lo que dice puede que funcione para él, pero no para otro creador. Eso que dice me recuerda también a los que critican el uso de la voz en off, supuestamente porque así la película es peor. Eso es absurdo. Hace poco vi *Hiroshima, mon amour* y si algo está presente en esa película es la voz en off. Por lo tanto, ¿quién puede decir que la voz en off no es un instrumento de trabajo válido? Otro ejemplo completamente distinto... *Cadena perpetua* (*The shawshank redemption*)... Y podríamos seguir hasta mañana.

JG: Al final son recursos. Lo que pasa es que muchas veces se usan mal, como una solución fácil para arreglar errores. Y eso se nota.

IR: Aunque las preferencias estéticas de los autores también tienen su peso... ¿Utilizáis un patrón de escritura específico? Por ejemplo, una estructura en tres actos, un número determinado de bloques secuenciales...

JMG: Yo no he seguido muchos manuales, pero recuerdo haber leído en su momento el de Syd Field... *El libro del guion* (*Screemplay... The Foundations of Screenwriting*). Al principio no suelo reparar mucho en ello, pero una vez que ya tengo la historia algo más desarrollada sí empiezo a pensar, sobre todo, en los puntos de giro y en los actos. Pero también me parece que tenemos unos modelos de estructura demasiado interiorizados (hablo en general) y que quizá sería interesante romper con ellos. Por otra parte, es cierto que, normalmente, cuando algo te falla, apoyarte en el manual clásico es una garantía.

JG: Yo también creo que el modelo clásico es algo que tenemos muy interiorizado. Sin ser consciente estás pensando en los tres actos, en los puntos de giro...

IR: La poética de Aristóteles.

JMG: Sí, pero recuerdo que en su día leímos *Práctica del guion cinematográfico* (*Exercice du scénario*) de Jean-Claude Carrière y Pascal Bonitzer y descubrimos que hay otras formas para crear un guion.

JG: Y luego está el propio formato. En EE. UU. por ejemplo, un profesor de guion nos comentó que cuando les llegan guiones que no respetan el formato clásico los estudios los rechazan porque entienden que quien lo ha escrito no se ha formado lo suficiente. Te obligan a escribir todo con un software determinado. Así lo hacemos nosotros también.

JMG: Sí, pero los tratamientos previos los realizamos aparte, con un editor corriente.

IR: En el vocabulario de la escritura clásica se dice que el movimiento de la historia se debe mostrar haciendo «caminar» a los personajes. ¿Qué opináis sobre el deus ex machina?

JG: ¿Al final cuántos recursos existen que supuestamente no son «aceptables»? Y, al mismo tiempo, son muchos de ellos los que hacen que una película sea atractiva. Es más, en el caso de la mayoría de los cineastas de hoy en día lo que destaca precisamente es la «forma» de sus películas. Si tienes una visión realista del mundo donde no se debe «notar» la cámara y estás en contra del artificio, está claro, todo eso no es para ti. Pero, por otro lado, el artificio está en muchas cosas, como por ejemplo, en el trabajo de un actor. Y ese artificio puede ser incluso enriquecedor para la película. Por ejemplo, Welles en *Ciudadano Kane* (*Citizen Kane*) y en casi todas sus películas tiene una habilidad narrativa increíble, pero también es cierto que, a veces, la película destaca más por su forma que por su contenido.

IR: El estudio de los géneros nos lleva involuntariamente a la herencia literaria. Pero hay cineastas que son un «género» propio en sí mismos... Chaplin, Keaton, Murnau, Hitchcock, Bergman... Aitor ya lo ha comentado antes pero, ¿cómo os veis vosotros? ¿Os gusta trabajar un género predeterminado? ¿O quizá os basáis simplemente en vuestra forma de ver las cosas?

AA: Nosotros, a menudo, fantaseamos con hacer una película de terror, una comedia romántica, un musical, un thriller... (risas). Como espectadores somos muy de «género». Cada uno tiene sus preferencias. Yo como espectador me siento muy a gusto viendo género. Pero luego, en esa famosa puesta en común que hemos citado, volvemos a lo nuestro, al proceso que hemos mencionado. Ahí es difícil que un proyecto avance solo por el hecho de que quieres hacer un thriller o una de terror. Tienes que tener un tema, una trama consistente

JMG: Es verdad que hay veces que nos entra el deseo de tratar algún género... Pero estoy seguro de que acabaríamos haciendo algo nuestro, y eso no sé si es bueno o es malo porque al final queda todo un tanto descafeinado. Por ejemplo, *80 egunean* tiene un punto de comedia romántica en algunas cosas, en otras quizá más de drama. En *Loreak* había un deseo de hacer una película de misterio, aunque luego hubo un misterio sin policía. Y también queríamos hacer un thriller en *La trinchera infinita*. En *Marco* también creo que había una voluntad de hacer un thriller político. ¿Son géneros limpios? Quizá no, pero están ahí. Después es verdad que se mezclan las cosas.

IR: ¿Tenéis miedo a las etiquetas? Por ejemplo, recuerdo un comentario de Carlos Boyero... «Los Moriarti se sienten a gusto en el cine historicista».

JMG: (Risas) Yo no me siento muy identificado con esa afirmación... Cuando trabajamos un proyecto no pensamos mucho en ello. Pero por otra parte, es cierto que a la hora de hacer *Maspalomas*, me dije a mi mismo... «Salgamos un poco de las películas de época».

JG: Sin embargo, lo de las etiquetas es un mundo. Cambia mucho según dónde se vea. Aquí nos conocen como «Los Moriarti». Pero todavía para muchos, fuera de Euskadi, en Madrid, somos «Los Vascos» o «Los de Loreak» o «Los de la Trinchera Infinita». No saben nuestros nombres.

JMG: Pero eso es también porque somos tres.

JG: Sí. Pero nos unen mucho con la tierra. Cuando Disney nos pidió hacer *Cristobal Balenciaga*, un punto a favor fue que, siendo el personaje de aquí, nosotros podríamos dar una visión de primera mano. Con lo cual, también hemos podido aprovecharnos de esa etiqueta.

IR: ¿Creéis que hoy en día existe cierta autocensura a la hora de construir un proyecto? ¿La censura blanca, esa censura popular de lo políticamente correcto?

JG: Yo creo que sí. Con *Marco*, por ejemplo, teníamos ese miedo de cómo verían la película los personajes reales de la historia que continúan vivos. En adelante, cuando tratemos ciertos temas, puede que lleguemos a autocensuremos más. Entre otras cosas me da mucha pereza todo lo que pueda venir...

JMG: Es difícil estar siempre dentro de la «corrección», porque al final la sociedad va cambiando tan rápido que, sin darte cuenta, caes en cosas que ya no están aceptadas o al menos no van a ser aprobadas desde un sector. Unas veces puedo estar de acuerdo y otras no, pero también entiendo que esas cosas se tienen que dar para que una sociedad evolucione. Pero, además, es cierto que como narrador puedes encontrar tu creatividad comprometida en una situación como esa. Por ejemplo, el personaje principal de *Maspalomas* es homosexual, y aunque yo también lo sea, a veces pienso que habrá otros que, al ver la película, digan… «¡Ya vale con dar siempre esta imagen sobre la homosexualidad!». Por lo tanto, es difícil contentar a todos. ¿Dónde están los límites? ¿O dónde debería estar atento y decir… «No puedo caer en esto?». Es difícil.

AA: La autocensura es algo casi natural que se da desde el primer momento en que la película comienza a gestarse. Hacer películas cuesta mucho y normalmente no es tu dinero el que financia el proyecto. Y sobre todo, cuando es la primera película, vives en una gran incertidumbre…

IR: Hablemos un poco de los actuantes. ¿Os gusta trabajar con ellos? ¿Creéis que la forma de trabajar juntos ha ido evolucionando según los años?

AA: Sí, es algo que nos gusta, quitando cosas puntuales. También es importante la cuestión del *feeling*. De pronto te das cuenta de que, en general, te llevas bien con todos los intérpretes pero que no acabas de conectar con uno en concreto. ¿Por qué? No lo sabes. Esto ocurre en otros muchos ámbitos. Desde mi punto de vista puedo decir que la de los actores y actrices es una experiencia enriquecedora. Personalmente me gusta mucho estar en esa salsa y en todo el proceso, también en el casting. Diría que ese trámite es un poco loco e intenso, pero es un momento impagable. Ver a cuatro personas haciendo el mismo papel y luego repasar los vídeos en casa tiene un punto de locura, pero, al mismo tiempo, es algo especial. Cada uno representa el papel de manera diferente, y al final todo es posible. Es una de las facetas más bonitas de nuestro trabajo. Y los actores y actrices son fundamentales. La película llegará a la gente a través de ellos. Si ellos no son creíbles, si no son orgánicos, la película no funciona.

JG: Jose Mari y Aitor han estado más con ellos, pero yo, personalmente, aprendí mucho con los actores y actrices con experiencia en *Loreak*. En ese rodaje me di cuenta de que teníamos tres protagonistas con tres formas diferentes de trabajar. Y ahí aprendes, por ejemplo, que hay algunos que no necesitan ensayar. Lo más importante para ellos es saber cómo es el personaje, y una vez que lo han hablado contigo, te lo «darán». Por otro lado, están aquellos que necesitan que les digan en todo momento cómo hacerlo. Y también están los que son una especie de mezcla de los dos anteriores… entran en el personaje pero, de alguna manera, necesitan que los acompañes en todo momento. Por eso para mí es muy importante saber cómo es cada actor o cada actriz. Esto se ve ya en la preproducción. Y una vez que sabes eso, cada uno te pedirá y te dará algo diferente. A mí me gusta más trabajar con actores y actrices con las cosas claras, directamente. Esto, lo confieso, es un defecto mío, porque no tengo una capacidad natural para proponer ideas. No me siento cómodo al decir a un actor o a una actriz… «date un giro o mueve las orejas».

JMG: Por una parte yo me siento cómodo con los actores y actrices que no tienen demasiada experiencia. Pero, por otra, al impartir clases, siempre he defendido que son personas que han de hacer un trabajo creativo, que tienen que hacer su aportación como creadores. Y en *La trinchera infinita*, tanto Antonio de la Torre como Belén Cuesta hicieron su aportación, y el resultado final es muy interesante. Pero también te das cuenta de que los actores o actrices que tienen esa forma de trabajar, están cuestionando muchas cosas en el camino. Y quizá tú que estás más acostumbrado a pisar suelo firme, notas que, de pronto, ese suelo empieza a tambalearse. Hay momentos en los que llegas a casa del rodaje con la sensación de que la integridad del guion o la comprensión de la historia empiezan a estar en peligro. Y el proceso comienza a complicarse. Es cierto que si después las cosas van como deben, se nota en el resultado. Nosotros generalmente buscamos una naturalidad en la interpretación. Almodóvar seguramente buscará otra cosa. Estoy de acuerdo con Jon en que la forma de trabajar de cada actor o actriz es diferente, pero no sé decir con quién prefiero trabajar. De hecho, es muy interesante hacerlo con gente que aporta mucha creatividad al resultado final. Pero también es cierto que en ese proceso la producción puede verse vulnerada en cuanto a imprevistos.

AA: Nosotros, además, después del rodaje, seguimos trabajando con los actores y las actrices en el montaje. Porque puede que una interpretación que haya salido justita en rodaje mejore después combinando diferentes planos, posiciones de cámara e incluso tomas (si las tienes, claro). De alguna manera, cincelas esa interpretación. También lo hacemos con el sonido.

JMG: Cuando estuvimos haciendo la promoción de Loreak en EE. UU. acudimos a una masterclass de Michel Hazanivicius, en Palm Springs, y nos dijo… «Yo dirijo a los intérpretes, sobre todo, en la sala de montaje» (risas).

JG: Otra cosa que he aprendido con el tiempo es que con algunos y algunas actuantes no se pueden hacer «planos-secuencia». Un desglose excesivo de planos puede descolocar a la actriz o al actor, pero también rodar una secuencia larga (tres o cuatro páginas) en una toma prolongada. Se percibe que la mayoría están acostumbrados a algo intermedio, para bien y para mal.

JMG: En cualquier caso, la comunicación es muy importante, como decía Aitor… al final ellos ponen la cara y ellos cuentan en gran medida tu historia.

IR: ¿Ensayáis con los y las intérpretes en la preproducción? ¿Cuántas semanas os gusta trabajar? ¿Qué sistema de ensayo utilizáis? Lectura de mesa, escenificación de escenas como en el teatro…

JMG: Siempre pensamos que vamos a hacer más ensayos. Al final acabamos con la sensación de que hacemos menos de lo que deberíamos. Al menos en preproducción.

JG: Depende de la necesidad, ¿no? No siempre se necesita hacer más. Porque hay secuencias que se «queman» y pierden la tensión para cuando llegas al rodaje. Algunas necesitan esa frescura.

JMG: No sé si estoy muy de acuerdo con eso. Yo creo que hay que trabajar. En cualquier caso, la lectura de mesa es muy importante para nosotros.

JG: Y también hablar de los personajes.

AA: La disponibilidad también es un condicionante. En el caso de *La trinchera infinita* recuerdo que hicimos la lectura de mesa en febrero y los ensayos fueron en abril.

JMG: Generalmente hacemos cambios de guion en la lectura. En *La trinchera infinita*, tuvimos que adaptarnos al habla, porque nosotros no somos andaluces. Pero también a las películas que hemos hecho en euskera les hemos dado esa naturalidad. En esa lectura siempre surge esa posibilidad. Le preguntas al actor o a la actriz… «¿Cómo lo dirías tú?». Y empiezan a aparecer cosas. Es un ejercicio bonito.

JG: En cualquier caso, intentamos ensayar todas las secuencias al menos una vez. Si consiste simplemente en mirar por la ventana no, pero sí las secuencias tienen diálogo sí. Luego te das cuenta de que hay otras secuencias que son muy importantes y que tienes que ensayarlas seis veces.

IR: ¿Preparáis el *blocking* de la escena con los actores y actrices en el mismo set de rodaje o lo traéis hecho con los ensayos previos?

JG: Últimamente hemos hecho una mezcla de ambos. A veces nos dábamos cuenta de que los actores y actrices necesitan sentirse más libres y en ese caso nos adaptamos a la escena modificando el trabajo de la cámara. Vamos adaptándonos en función de la naturaleza de la secuencia. Es cierto que, a menudo, los actores y actrices nos piden más libertad y nos gustaría dársela, pero el cine es cine, hay una narración y los límites son importantes. Al final se trata de una «gramática».

JMG: Sí. Tienes que buscar un equilibrio. Yo creo que en *La trinchera infinita* empezamos a encontrar ese equilibrio. Porque, hasta entonces, es verdad que lo llevábamos muy medido.

JG: Sí. *Loreak*, por ejemplo, estaba medidísimo.

JMG: También porque el planteamiento visual era mucho más estático. Pero en *La trinchera infinita* las cosas estaban mucho más abiertas, para preservar esa naturalidad. Antes de llegar al rodaje y comenzar con el maquillaje, las actrices y los actores empezaban a «probar» cosas. Antonio y Belén se retroalimentaban. Y Javi Agirre, nervioso, de pronto nos decía que estaban saliéndose de la zona prevista para iluminación. Con lo cual, había que adaptar el plan de luces. Tuvimos que negociar cosas de ese tipo para encontrar cierto equilibrio.

AA: También es un proceso de conocimiento del actor por tu parte. Con Eduard Fernández la experiencia de *Marco* fue increíble, es el maestro de las «marcas». Las controla todas con una precisión increíble. Ya pueden ser cinco tomas, que te las clava igual. Un grande.

IR: Intérpretes profesionales, no profesionales, adolescentes, niños... ¿Cómo compagináis todo?

JMG: No tenemos mucha experiencia con adolescentes y niños por lo que, yo al menos, me siento un poco perdido. No sé si perdido, pero me sería de gran ayuda la figura de un *coach*. Los niños pueden ser muy creíbles pero si aprenden a ser auténticos, porque si no, se ponen en «modo teatro» y quizá no tengas herramientas para llevarlos hacia el buen camino. No es fácil. Me parece que con los adultos, de alguna manera, hablas el mismo lenguaje, y con los niños te puedes sentir un poco perdido. Es verdad que no hemos tenido películas con mucha presencia de jóvenes o niños. No sé cómo sería tener a uno de protagonista... Hace poco hablando con nuestra directora de casting, María Rodrigo, nos decía que si coges al niño ideal, te dará la naturalidad con su propia forma de ser.

IR: Otro frente importante son las escenas de sexo. ¿Cómo las trabajáis?

JMG: Es un reto. Creo que en eso entra un poco tu forma de ser. Recuerdo que en *La trinchera infinita* nos sentíamos muy incómodos. Tú sientes enseguida que se acerca el día en que hay que rodar esas escenas, porque notas a los intérpretes nerviosos. Y es normal. Intentas hablar con ellos y ellas, pero no sabes hasta qué punto has sido claro o no. Y tampoco sabes con qué sensaciones se van a casa tras esa jornada. Quizá puedan pensar: «no me siento del todo cómodo», o «quizás debería decir "no" a esto». En *Maspalomas*, por ejemplo, usamos la figura del coordinador de intimidad…

AA: Es cierto que esa sensación se nota en el ambiente. Todo se palpa extraño. No sabes muy bien cómo gestionar las indicaciones. En *La trinchera infinita* mencionábamos como referencia *Enemigo a las puertas* (*Enemy at the gates*). El sexo está muy bien filmado en esa película y ese era el tono que buscábamos. Para nosotros las cosas cambiaron cualitativamente en *Maspalomas* con las coordinadoras de intimidad. Ellas (eran dos) nos hicieron las cosas muy fáciles. Y para nosotros fue una experiencia muy buena, porque nos ayudaron mucho. Ya habíamos hablado con los actores sobre lo que buscábamos, pero siempre hay un campo que no está totalmente definido, y en ese terreno puede haber malentendidos. José Ramón Soroiz no tenía ninguna experiencia en escenas de sexo y menos con hombres. Nosotros hablamos con él hasta donde pudimos. A partir de ese momento comenzamos a trabajar con las coordinadoras de intimidad y les contamos lo que nos gustaría hacer. Ellas apuntaban todos los detalles. Por ejemplo… «En esta escena habrá una relación sexual pero no se verá nada por debajo de la cintura». Sabían lo que queríamos y cómo lo rodaríamos. Luego ellas hablaban con ellos, les decían qué era lo que nosotros necesitábamos… y todo quedaba acordado sobre papel. Entonces, lo que las coordinadoras hacían era organizar un ensayo con todos para ponerlo en práctica. En el mismo, los actores veían hasta dónde debían llegar. Y el día del rodaje las coordinadoras estaban siempre presentes en el set. La verdad es que fue todo muy bien. José Ramón también estuvo muy tranquilo y lo hizo genial. Se quedó un poco bloqueado en algún momento, pero diría que son las consecuencias de las tensiones que supone hacer este tipo de escenas. Y todo fue muy claro, sin malentendidos. Cuando se cuestionaba alguna cosa íbamos al documento escrito y lo chequeábamos como cuando repasas un contrato. Todo fue bien, sobre todo para los actores, pero también para nosotros.

Ahora, comentando lo anterior, me ha venido a la mente que en las películas de Hollywood de los años 30-40, las mayor parte de las secuencias de acción eran bastante mecánicas y, en cierta forma, carecían de credibilidad. Puede que a partir de un momento, probablemente, se introdujera la figura de un coordinador de secuencias de acción y que esas escenas empezaron a ser cada vez más orgánicas (esto no es más que una conjetura mía). En ese sentido, puede que en el futuro ocurra algo similar con esta figura del coordinador de intimidad, al establecer una nueva ética en los rodajes.

JMG: Aparte de lo que dice Aitor, quizá esto que voy a decir es demasiado obvio, es importante que cuando filmas la escena la asocies en todo momento al personaje. ¿Qué le aporta esa escena al personaje en ese momento? ¿Qué dice esa escena sobre ese personaje? ¿Cómo debería estar viviéndola? Creo que todo eso también es una herramienta de trabajo para el actor.

JG: Recuerdo que en *Loreak* le pedimos a Itziar Ituño que se desnudara, aunque el plano no llegó a entrar en el montaje final. Su personaje observaba su cuerpo en el espejo y, lógicamente, para Itziar resultaba un momento bastante incómodo. Le explicamos la razón y lo comprendió. Muchas veces también es cuestión de comunicación, de explicar cómo se hace y para qué, qué significado tiene, para que ellos y ellas también entiendan que no es un capricho.

IR: Centrándonos un poco en el orden de rodaje, ¿preferís realizarlo, en la medida que podéis, en orden cronológico?

JG: Desgraciadamente, con nuestros guiones es muy difícil. Salvo *La trinchera infinita*, que se hizo casi cronológicamente, en la mayoría de los casos, ya sea por cambios de localización o temas asociados a la producción, no tenemos medios para hacerlo, porque resulta caro. A mí, la verdad es que me parece muy útil rodar en orden cronológico. Al final, te quitas un trabajo, el famoso «de dónde vienes, a dónde vas». Todo queda claro y tienes un problema menos. Pero es muy difícil de producir porque supone mucho dinero. Si necesitáramos pocos actores o actrices y pocas localizaciones, y baratas, quizá sí. Creo que lo preferiría siempre.

JMG: En *La trinchera infinita* el rodaje se interrumpió porque Antonio tenía que engordar. Fue una pausa de cinco semanas. Y eso dio a los actores y actrices una perspectiva sobre la historia. Y es que, al final, esa pausa coincidía con la elipsis más larga que tiene la película. Pasaban diez años y los intérpretes no tenían diez años más en la realidad, pero al menos sí que tenían esa pausa de cinco semanas dándoles cierta perspectiva. Fue interesante.

IR: ¿Cómo os gusta elaborar el plan de rodaje con el ayudante de dirección? ¿Le planteáis algunas ideas como, por ejemplo, qué puntos son importantes?

JG: Al final, la clave es el sentido común. Hay algunas secuencias que conforman solo un pequeño párrafo en el guion y luego necesitas un día entero para filmarlas. En *Marco* teníamos una secuencia que era 1/8 de página (la manifestación universitaria) y nos costó un día entero de rodaje. Habitualmente el ayudante de dirección es gente con más experiencia que nosotros y confiamos bastante en su criterio. En nuestro caso, él o ella nos hace una propuesta y, al hilo de esta, nosotros hacemos comentarios. Es una negociación. Aun así, por lo general, el plan definitivo se acerca bastante a la primera propuesta que nos suelen hacer.

IR: ¿Durante cuántas semanas soléis rodar? ¿Tenéis un ideal?

AA: Depende un poco de lo que el guion exija, aunque tampoco entramos mucho en ese tipo de reflexiones. Tenemos un guion y calculamos cuánto tiempo necesitaremos para rodarlo. La mayoría de las veces, nuestras películas se han rodado entre 6 y 8 semanas. Bueno, para *Handia* fue un poco más, 8 y 1/2. En *Loreak* y *80 egunean* fueron 6 semanas, pero incluyendo sábados. Y *Marco* fueron 7 semanas sin sábados. Por lo tanto, las cuentas son bastante similares.

IR: ¿Cumplís el plan de rodaje dentro de plazo?

AA: Somos bastante «formales». Más adelante quizá nos toca repetir algunas secuencias concretas, pero ese es otro tema. Eso nos ha ocurrido sobre todo en montaje –siempre y cuando ha sido factible, claro.

JMG: El más «formal» de todos es Jon. Normalmente es el que más preocupado está cuando estamos en el «combo». Aitor y yo tendemos más a la dispersión.

IR: ¿Hacéis la «puesta en escena» y la «puesta en cuadro» por separado?

JG: Pensamos más o menos en cómo vamos a rodar antes del rodaje. Y en las últimas películas hemos utilizado un storyboard con fotos. También pueden ser bocetos que hemos hecho, o fotogramas de otras películas…

AA: Empezamos con ello en *Loreak*, ¿no?

JG: Creo que hice algo del cortometraje *On the line*, con esta técnica. Y parte de *80 egunean* también. Pero entramos más de lleno en *Loreak*. Lo que hacemos es lo siguiente… cuando hay una localización la fotografiamos entera y así decidimos lo que nos gusta y lo que no, y vemos las posibilidades que ofrece. Así empezamos a elaborar inconscientemente la puesta en escena. E incluso escenificamos secuencias haciendo de actuantes y fotografiándolas.

JMG: Si estamos ya en preproducción, la mayoría de las veces son realizadas por Javi Agirre, el director de fotografía. Pero, por ejemplo, cuando Aitor y yo estuvimos solos haciendo las primeras localizaciones en *Maspalomas* hicimos una primera aproximación con el móvil.

JG: Bueno, al final la responsabilidad de la codirección te obliga a llevar las cosas lo más claras posibles a rodaje.

AA: La puesta en escena o el estilo de la película es también una consecuencia de las condiciones de rodaje, pero diría que siempre tenemos la voluntad de rodar en un estilo que «imaginamos» o creamos de antemano. Por ejemplo… «Aquí debería haber un plano general en esta mesa». O, «Aquí haremos un acercamiento cuando la actriz diga esto». En *La trinchera infinita*, como decía José Mari, hubo una pequeña negociación con los actores y actrices. Nosotros sufrimos una gran crisis durante los primeros días, porque estábamos muy acostumbrados a las «marcas» y tuvimos que adaptarnos un poco.

JMG: Pero, por otra parte, me gustaría pensar que resultamos «cómodos» a los ejecutantes. Por ejemplo, no hacemos coreografías muy sofisticadas. Puede haber excepciones, pero en general diría que somos bastante sencillos en eso. Eso sí, nosotros también «hacemos» la película en el montaje y nos gusta disponer de varias opciones a la hora de hacer los cortes. Y, en consecuencia, nuestra planificación suele ser bastante fragmentada.

IR: ¿Tenéis claro de antemano qué tipo de movimiento de cámara habrá? Si va a ser un plano fijo, si va a haber una panorámica, un travelling, cuántas cámaras…

JG: Siempre está decidido de antemano. Pero puede producirse un cambio, algún impedimento que no esperabas. A veces te das cuenta de que un movimiento que tenías previsto resulta mejor sin travelling, y situaciones similares. Somos flexibles.

JMG: Nuestros movimientos son sencillos, como decía ahora… un acercamiento, un alejamiento, un seguimiento… No mareamos a los actores y actrices diciendo que cuando lleguemos a la marca X, la cámara se le acercará a un plano medio. Nuestro estilo no es como las coreografías de Berlanga. Cuando veo coreografías complicadas en otras películas me gustan mucho, pero si en alguna de las nuestras planteamos algo así me siento muy falso.

AA: Y Javi Agirre también hace su aportación. Le dices que vamos a hacer el plano en panorámica para ganar tiempo, y entonces él te dice que no cuesta nada montar un travelling, y de esta forma el plano sale mucho mejor. Y respecto al número de cámaras, salvo en *Cristóbal Balenciaga*, que era una serie, normalmente vamos con una. Aunque al final también manda el presupuesto. No es solo la cámara, sino el equipo de gente que eso lleva detrás. En *Cristóbal Balenciaga* estuvimos con dos cámaras en un porcentaje alto del tiempo de rodaje, para cumplir con el calendario. En *Marco* también tuvimos dos, puntualmente. Y otro tanto en *Handia*, en las escenas de las guerras carlistas, por ejemplo. Teníamos toda la figuración, la acción, etc. y era importante que la secuencia saliese lo más cubierta posible.

IR: En la práctica, ¿cómo preparáis el desglose de los planos? ¿Creáis otro guion técnico paralelo o lo esbozáis sobre el guion impreso?

JG: Lo hacemos sobre el storyboard. Diferenciamos mucho el guion literario y el técnico. En el literario apenas escribimos nada técnico. En el rodaje trabajamos con los dos documentos.

IR: En los días en los que tenéis mucha figuración, ¿preferís que se responsabilice el ayudante de dirección o lo coreografiáis vosotros mismos?

JMG: Habitualmente se lo dejamos al ayudante de dirección. Después, sobre la marcha, vamos cambiando cosas… «Quita esto, mueve lo otro…». Eso sí, cuando la figuración tiene protagonismo intentamos intervenir directamente. Por ejemplo, cuando hay una manifestación y tienes un plano de los manifestantes, nosotros intentamos dirigir a los o las que tienen un protagonismo especial.

AA: Luego, aprendiendo de la experiencia, te das cuenta de que al ayudante de dirección le gusta que respeten su trabajo. Es decir… «Dinos qué quieres y nosotros lo hacemos, pero no entres directamente a dar órdenes». Hay una especie de jerarquía, cierta deferencia, que hay que respetar.

JMG: Para nosotros la figuración es muy importante, sobre todo el físico de los figurantes, que transmitan algo. Pero, por ejemplo, en *Maspalomas*, que, como es sabido, es un punto de turismo gay muy conocido, necesitábamos figurantes en una playa nudista, incluso en un bar de *cruising*… Tenía que ser una figuración muy especial. Y para nosotros fue uno de los grandes retos.

AA: Una de las líneas rojas o *high light* que pusimos a los productores fue esa. Necesitábamos una buena figuración. Por ejemplo, en la secuencia de la manifestación del «orgullo gay». Eso no se podía negociar. Ya nos sucedió en alguna película anterior y no queríamos repetir; estábamos en un momento muy importante de la película y la figuración que finalmente tuvimos fue muy justita. En esas circunstancias te toca «cerrar» los planos para ocultarlo.

IR: ¿Repetís siempre, sistemáticamente, la forma de dirección en cada película o tenéis puntos de partida diferentes según el proyecto?

AA: Yo diría que tenemos una base. Luego solemos adaptarlo a las necesidades. Un poco lo que hemos dicho antes. Pero solemos ir con los deberes hechos. Tenemos un «punto de partida». Y nos gusta ir flexibilizando en función de lo que el proyecto nos demanda.

IR: Habéis dejado claro que sois tres cerebros diferentes, pero en la práctica, psicológicamente, ¿cómo trabajáis? Sobre todo respecto al equipo de rodaje. ¿Seguís la planificación en estricto aislamiento o tendéis a ser más bien emocionales?

JMG: Creo que somos bastante estrictos. Aunque puede haber algún momento en el que podamos ceder a la improvisación o a contagiarnos con cosas que están sucediendo en el rodaje y tratar de trasladarlo a la pantalla. Siendo tres directores, tenemos la obligación de llevarlo todo bastante atado para que no haya fisuras. Yo creo que tenemos pocos sobresaltos en los rodajes. Muchas veces las mayores sorpresas nos las llevamos en el montaje, y algunas son positivas.

AA: Las conversaciones que uno tiene con el ayudante de dirección también es un capítulo aparte. Ten en cuenta que el ayudante de dirección está siempre negociando con todo el mundo y que las cosas que te cuenta son muchas veces cuestiones relacionadas con esas negociaciones. Ahí el factor psicológico es muy importante. Cómo se comunica uno… Habitualmente te llegan las «ondas» de esas informaciones porque el ayudante de dirección también está para protegerte y quiere que estés centrado. Y a veces no es fácil estar impermeabilizado ante las reacciones emocionales del equipo…

JG: Yo creo que en un rodaje conviene estar «a favor» del equipo. No voy a decir que tengamos que estar de risas todo el tiempo, pero una determinada actitud puede influir en el grupo de trabajo. Es importante que la gente se sienta bien para tener un ambiente relajado. Los directores también somos un soporte para las actrices o los actores, y también para el equipo técnico. Pero, sobre todo para los primeros, porque trabajan con un material muy frágil… su físico. La mayoría de las veces se entregan más si están cómodos. Si los tratas bien durante esos días, ellos y ellas darán la cara

IR: Ya me habéis dicho que os gusta «cubriros» para el montaje pero, ¿hacéis versiones diferentes de los planos y planteáis nuevos ángulos de cámara?

JG: Intentamos cubrirnos lo máximo posible, sí. Pero no siempre es viable. Es importante saber en qué secuencias es más necesario y en cuáles no. En algunas ocasiones estás muy confiado en una cosa, seguro al 100% de que funcionará bien así. Por ejemplo, «este texto solo necesita un plano». Pero más tarde, en el montaje nos damos cuenta de que si tuviéramos un plano con la reacción de otro personaje quedaría mejor, y no lo tenemos. Aunque fuera un plano de solo dos segundos. En general nos gusta tener el mayor material posible en montaje, exprimir la secuencia al máximo.

JMG: Sí, y podemos tener un conflicto tremendo hasta llegar a un acuerdo (risas). Uno puede pensar que el plano necesita la reacción del personaje. El otro, lo contrario. Y luego, tal vez, al ver finalmente el montaje cambio de idea y pienso que el otro tenía razón (risas de nuevo). Por eso es importante que en nuestro caso tengamos el máximo de material posible para poder tomar bien las decisiones. Siempre intentamos sacar el máximo jugo a la película.

IR: Así que aquella frase de Truffaut de «rodar contra el guion y montar contra el rodaje» parece estar hecha para vosotros. ¿Tenéis costumbre de hacer muchas tomas?

JMG: Normalmente andamos sobre 7 u 8.

JG: Yo diría que menos…

AA: En *Handia* fueron más.

JMG: Bueno, intento hacer una media. Es verdad que hay días que hacemos menos, pero hay días que más. Hemos llegado a tener planos de hasta 12-14 tomas.

JG: Pero también depende de la secuencia.

AA: Lo que voy a decir puede que no sea del todo justo, pero se nota mucho cuando una actriz o un actor es bueno. Para ser justos también, si el director fuera también bueno quizá se podrían hacer menos tomas. Yo por lo menos lo percibo así. Si tienes un buen actor o una buena actriz, en la primera toma te da algo estupendo. A partir de ahí quizá necesites tres más por si acaso, y listo.

JMG: En ocasiones también nos ha sucedido que todo el mundo ha tenido su tiempo para preparar el plano; maquilladores, iluminadores, etc. Y una vez que todo está listo, el ayudante de dirección empieza a meter prisa.

«¡Venga, que vamos tarde!». Y yo me cabreo porque hasta entonces no he tenido ocasión de hacer mi trabajo, es decir, dirigir. Estamos ahí para eso, ¿no? Yo creo que es entonces cuando se remata todo ese trabajo que han llevado a cabo los distintos departamentos y que no es justo apremiar para ganar tiempo. Al fin y al cabo, el resultado es lo más importante.

AA: El presupuesto también tiene mucho que decir. Esas historias de Kubrick y Fincher son muy bonitas, pero... Hacer 80 tomas de un papel cayéndose al suelo en *Zodiac*... Kubrick decía que después de muchas tomas el actor se quitaba la máscara y salían cosas interesantes. Vale, son técnicas, pero para nuestro mundo rutinario parecen un poco cosas de ciencia ficción. Yo, si tuviera que dar un consejo sería el de asegurarse de que lo rodado es lo que se quería conseguir. Es la premisa que yo uso. Aparentemente es muy simple pero muchas veces la vorágine del rodaje te desvía de tus objetivos y recordarlo es fundamental.

IR: ¿Sois comprensivos cuando los actores o las actrices vienen a pediros otra toma, por ejemplo?

AA: Normalmente sí, salvo que estemos muy apretados. Eso también es cuestión de psicología, como decía Jon. Hay algunas y algunos que se pegan mucho al «combo». Quieren verse todo el tiempo una vez terminada la toma, tienen esa inseguridad. Eso frena el rodaje.

IR: ¿Cómo planteáis el rodaje de cada escena respecto a la cobertura? ¿Empezáis por los generales y os acercáis progresivamente?

AA: Habitualmente empezamos por los planos generales, sí. Puede que empecemos con un plano corto porque la escena contiene cierta carga emocional. Incluso muchas veces el plan de rodaje que impone el ayudante de dirección marca el orden y ahí no hay mucho que se pueda hacer, más allá de decir amén, porque por algo lo ha marcado. Pero normalmente la idea suele ser ir de mayor a menor.

JMG: Como dice Aitor, si las secuencias son muy emocionales empezamos de cerca, para no «quemar» a los actores y actrices. Depende de las circunstancias. Por ejemplo, en *Cristóbal Balenciaga*, Alberto San Juan tenía una secuencia en un tanatorio donde veía muerta a su pareja. Primero hicimos el trabajo de Alberto y luego continuamos con los generales. Pero si no hay demasiada implicación emocional, vamos de más a menos.

AA: En *Marco* nos ocurrió un imprevisto en una secuencia importante que teníamos planteada con dos cámaras. Estaban los intérpretes principales, y el plan era empezar por un plano general, luego venía un travelling circular y continuaba con otras tomas. Y para cuando llegamos a lo realmente importante –los planos cortos– el actor estaba agotado. Y estas cosas hay que medirlas bien –yo por ejemplo no soy nada bueno en eso.

IR: ¿Cubrís toda la escena con un plano máster, por ejemplo?

JMG: Hacemos muchos planos máster... (risas) Sí, en la mayoría de los planos lo abarcamos todo. Normalmente hacemos una toma completa.

JG: Con el tiempo nos hemos dado cuenta de que el máster también viene bien para que los intérpretes vayan calentando –si no es una secuencia muy dramática–. Es una buena forma de meterse en la escena. Casi como si fuera una toma de ensayo.

JMG: Cuando haces un plano general, muchas veces te das cuenta de que una cosa no queda bien, o que hay que cambiarla. Y es frecuente que en el plano general o máster, haya cambios desde la primera toma hasta la última. Luego, cuando vas a los cortos, si te parece mejor la última, la tomas como modelo o referencia. O, si tienes dudas, quizá puedas hacer diferentes versiones. Es importante coordinar todas estas cosas con el ayudante de dirección, el director de fotografía y el script, sobre todo.

IR: ¿Qué os parece esta frase de Ernst Lubitsch? «Hay mil maneras de colocar una cámara, pero en realidad hay una sola». (risas).

JG: Estoy seguro de que los genios como Lubitsch lo tendrán muy claro. Pero yo no sabría decirte... En algunos casos sí, dices... «esto tiene que ser así». No sé por qué. «Tiene que ser un plano corto o un plano general, en el que el personaje no es más que un punto en el desierto». Pero, en mi caso, no es así en todo el rodaje de la película. Suelo tener muchas dudas. Y además la experiencia te enseña lo que ha dicho Jose Mari, que en un plano general encuentras muchas pistas para cuando luego te acercas.

JMG: Eso también va un poco con el estilo del director, ¿no? Y si me apuras también con su capacidad. Hay películas que, como espectador, ves y dices... «la cámara está donde debe». Yo he tenido esa sensación y comprendo lo que quiere decir Lubitsch. Pero es verdad que luego, tal y como trabajamos, no nos vale. Porque, por ejemplo, nos gusta encontrar un «plus» en el montaje. Y los descubrimientos de montaje son bonitos y valiosos.

IR: Por lo tanto, de alguna manera, desmontáis ese storyboard durante el rodaje.

AA: Bueno, no te creas. Le hacemos bastante caso. Es una «brújula». Pero en el montaje puede desaparecer un poco más. Frecuentemente te das cuenta de que la idea que te planteabas en un principio era muy mala, pero después de probar varias alternativas, finalmente, gana esa secuencia.

JMG: Si tomas *Psicosis* (*Psycho*) y la comparas con la versión que hizo Gus Van Sant, se ve claramente. Es bastante calcada, y prácticamente con la misma planificación de montaje. Pero te das cuenta de que una funciona y la otra no. ¿Por qué? Creo que ahí hay muchos factores... Cómo se organiza el casting, el sonido, mil cosas... Es verdad que tener el timón de la planificación está bien, pero también es cierto que luego en el montaje no puedes ir con ese ancla. La frase de Truffaut que mencionabas es cierta en ese sentido.

IR: ¿Cómo os gusta trabajar la escenografía? Cuando escribís el guion, ¿vais ya dibujando mentalmente la atmósfera? ¿Qué os aporta el director o directora de arte?

AA: Tenemos una idea aproximada. Pero solemos ser bastante abiertos con la dirección de arte. Javi Agirre y Mikel Serrano –director de arte–, tienen mucha relación entre ellos y eso es muy importante a la hora de trabajar. Además son muy buenos. Se habla de colores, de texturas. Bueno, nosotros construimos nuestra «imagen» mediante fotos, preferencias, pinturas, películas... Y cuando todo esto se racionaliza, uno siempre espera que el director de arte haga la verdadera aportación (risas). Por ejemplo puede decirte... «Estamos de acuerdo en esto, pero creo que esta opción mejora la anterior». Y Mikel, en ese sentido, es alguien que introduce muchos matices. No hace las cosas a brocha gorda. Por lo general, reconoce muy bien la esencia.

JMG: La forma de trabajar puede ser diferente según quién dirija. Puede que para algún tipo de director lo más importante sea simplemente dar libertad al responsable de arte, diciéndole... «Lo único que me importa aquí es que esta puerta tenga un cristal». Porque sabe que son elementos necesarios para su posterior puesta en escena.

AA: También, pero nuestro caso es diferente. Por ejemplo, en *Handia* la escenografía debía de tener algo de cuento o de fábula. ¿Cómo se hace eso en la práctica? El papel lo sostiene, pero en la realidad, ¿qué es eso? Me acuerdo de que tuvimos una larga conversación con Mikel. Y que, gracias a ella, empezó a elaborar sus diseños y recuerdo que hasta ver el «Cosmorama», no tenía claro cómo sería el resultado. Pero no por Mikel, sino por la duda que tienes a veces de si lo has comunicado adecuadamente.

IR: ¿Preferís trabajar en localizaciones reales, en decorados o en una combinación de ambos?

JMG: A mí me gustan más las localizaciones reales. Pero es cierto que resulta cómodo trabajar en un plató. Y las películas se crean y es bonito construir ese mundo. Antes estaba más vinculado a las localizaciones naturales y creo que he aprendido a relativizarlo. Cuando vas a un plató sacrificas la relación entre el exterior y el interior y cuando vas a las localizaciones reales tienes otro punto de frescura. También es cierto que cuando creas un decorado, puedes adaptar ese interior a tus deseos al 100%.

JG: Yo diría que somos partidarios de las localizaciones naturales, pero lo que ocurre es que muchas veces es imposible. En muchas ocasiones porque no las encuentras o, si las encuentras, no reúnen las condiciones necesarias para el rodaje. Puede que queramos poner la cámara en un lugar determinado y es imposible, no hay ángulo. Para ello tienes que tirar las paredes, y en un estudio puedes hacerlo fácilmente. Por ejemplo, era imposible encontrar el zulo de *La trinchera infinita* e hicimos una réplica en un plató. Los decorados pueden ser mejores o peores pero, normalmente, en una película te das cuenta de si desde producción han invertido o no. Y también pueden hacerse planteamientos como en *Handia*, que el exterior del caserío era en Beizama, el interior en Igartubeiti, y después hicimos la habitación del caserío en un plató. Y al final de eso se trata, ¿no? Adaptarte un poco a las necesidades del rodaje.

IR: ¿Sois de los que llegan a primera hora al rodaje, antes de comenzar, para sentir la atmósfera, el ambiente…?

JG: Cuando el lugar de grabación está cerca, por ejemplo en Donostia, normalmente me gusta estar antes. Además, es una buena manera de quitarse los nervios. Si está más lejos, como te llevan en coche, es más difícil. Si existe la posibilidad viene bien para planificar las secuencias sobre el terreno. En el segundo rodaje de *La trinchera infinita* lo hicimos así.

AA: En algunos casos nos ha sucedido que a primera hora de la mañana nos hemos tenido que ir a localizar antes de empezar la jornada.

JG: Eso es una tortura total (risas).

AA: Y al final de la jornada es aún peor.

JMG: Normalmente intentamos llegar al rodaje con todas las localizaciones cerradas y, en general, lo conseguimos. Pero en Cristóbal Balenciaga, por ejemplo, no pudimos.

AA: En *Handia* recuerdo cuando rodamos en el Palacio de la Diputación en Bilbao. El exterior era «Londres nevado» y el interior «el Palacio de la Reina en Madrid». Cuando terminamos la secuencia exterior, subimos arriba y vimos el interior... fue un subidón increíble. Sabíamos adónde íbamos, pero no lo «conocíamos». Y esto fue una hora antes de rodar. Una epifanía total.

IR: Vamos a hablar de fotografía. ¿Tenéis un estilo predeterminado que se repite o buscáis uno diferente para cada película?

JG: Va según la película. Tenemos referencias aproximadas de cómo nos gustaría que fuera... Las compartimos con Javi y luego él hace su «magia». Sobre todo las primeras conversaciones consisten en decidir si el formato será cuadrado o panorámico. Eso, y si utilizaremos lentes anamórficas o esféricas. Estas elecciones condicionan mucho la estética general. Le damos muchas vueltas antes de decidirlo. Una vez concretado esto, empezamos a hablar de colores. Y, de paso, también a coordinarnos con arte y vestuario para unificarlo. La estética no es solo la fotografía, es el diálogo de todos estos departamentos. Intentamos dar referencias a todos para encontrar una coherencia.

JMG: Yo me siento un poco perdido en todo esto. Cada uno tiene sus referencias, pero...

JG: Tú aportas muchas referencias...

JMG: Sí, pero más bien las voy acumulando y luego las lanzo. Y muchas veces no tengo nada. Yo me muevo más cómodo en el fondo que en la estética o la forma. Por supuesto, sé decir... «Esto me gusta o no me gusta». Pero afirmar desde el principio... «Esto lo veo así claramente», a mí me cuesta mucho.

IR: Históricamente, tanto en la pintura como en la fotografía, las relaciones de aspecto siempre han estado cerca de la forma cuadrada, manteniendo un equilibrio entre horizontalidad y verticalidad. De hecho, en los primeros 50 años de cine se empleó el formato 1,33:1, que estaba cerca de ese equilibrio. Posteriormente, la llegada de la televisión llevó a «ensanchar» las salas y las pantallas se hicieron cada vez más panorámicas. Por otro lado, hoy en día parece que la elección de los formatos está más cerca del antojo de cada director que de la necesidad. ¿Tenéis algún criterio para elegir los formatos de vuestras películas?

JG: Nos solemos adaptar. Por ejemplo, al hacer *Cristóbal Balenciaga* nos dimos cuenta de que el formato cuadrado te impone unos límites y es interesante de cara a conseguir ciertas cosas. Al final, en nuestra generación estamos acostumbrados a los formatos panorámicos y esta limitación del formato cuadrado funciona muy bien para concentrarnos en los actores y actrices. Sobre todo con los rostros. O los vestidos en el caso de *Cristóbal Balenciaga*, porque tienen una verticalidad.

JMG: También es muy bueno para concentrar la figuración.

JG: Sí, y ofrece muchas ventajas que ayudan a «sentir» mejor el decorado. *Marco* era lo contrario, establecimos el formato más panorámico que jamás hemos usado. Y lo que ahí planteamos fue jugar con los extremos. Fue un ejercicio muy diferente y enriquecedor. Cuando rompes esa inercia de los extremos y haces de pronto un plano en el centro, genera un impacto especial. Es como meter de pronto un primer plano en una película que normalmente está mostrando planos generales.

AA: Pensando en los formatos, el primer largometraje que rodamos en 1,85:1 fue *Maspalomas*, después de varias películas panorámicas.

IR: El concepto que hoy se conoce como «cinemático» tiene su origen en la narración que Spielberg y su generación crearon en la década de 1970 –en cierto modo, es el dinamismo que proviene de la novela gráfica o del cómic–. Un dinamismo cinemático que siempre se vincula al formato panorámico. Pero el director más cinemático que probablemente ha dado la historia del cine, Orson Welles, siempre rodaba en formato cuadrado y en blanco y negro. Es una paradoja.

JG: Sí, la historia del cine está llena de contradicciones. Yo particularmente soy muy aficionado a Orson Welles.

JMG: Javi Agirre dice que al final acabas adaptándote al formato. De todas formas, lo que no tiene sentido es que elijas un formato y tengas otro en la cabeza mientras trabajas. Debes encontrar la «armonía», sentirte a gusto. Yo creo que a veces el tema de la elección te lo da la propia historia. O tener un punto de intuición.

IR: Es que, puestos a contradecir, la historia del cine está llena de ejemplos de dramas intimistas en 2,39:1 y de películas de grandes paisajes en 1,85:1. Con la perspectiva que da el tiempo parece que la cualidad definitiva de los formatos se puede dividir por las «líneas predominantes». Un formato panorámico como 2,39:1 enfatiza las líneas horizontales y fugas mientras que los formatos más cuadrados como 1,33:1 los protagonizan las líneas verticales. Es decir, el lugar común de asociar lo panorámico a la espectacularidad debería estar ya superado –no hay más que fijarse en la espectacularidad del formato cuadrado de IMAX 1.43:1 o en películas como *El brutalista* (*The brutalist*)–. Los formatos intermedios que van de 1,66:1 a 1,85:1 probablemente, al no resaltar ni la una ni la otra, parecen más adecuados para integrar a los personajes en su entorno o centrarse simplemente en el relato. Quizá también sea la razón por la que, con los años, Hollywood adoptó finalmente el 1,85:1 como formato estándar.

AA: En *Cristóbal Balenciaga* el formato cuadrado se combinaba muy bien con los vestidos y los desfiles. Le daba más protagonismo a todo eso. Uno de esos *high light* que mencionábamos antes eran los vestidos, la «centralidad» y la verticalidad. Y es cierto que la verticalidad del cuerpo del ser humano destaca mucho más en el formato cuadrado. Sería un experimento bonito –aunque caro– comparar una película después de rodarla en diferentes formatos al mismo tiempo.

JG: En el caso de *Cristóbal Balenciaga* lo que dice Aitor es cierto, pero otro punto importante era el de la producción. Al final con un formato cuadrado estás suprimiendo información por los lados del encuadre y eso es muy importante, por ejemplo, para las escenas con figuración. Todo está más medido. Y esta reducción también se deja notar en el presupuesto. Y por otro lado, por lo que decías, quizá da un toque más clásico al proyecto, fotográficamente hablando; hasta la aparición del formato panorámico el cine tenía ese aspecto.

JMG: De todas formas hay algo de tendencia en todo esto. Por ejemplo, en los últimos años se han puesto de moda formatos más cuadrados.

IR: ¿Elegís los focales en función del tamaño del plano? ¿Tenéis alguna preferencia?

JG: Normalmente lo hacemos según los planos. Pero es algo intuitivo, por así decirlo. Es curioso darte cuenta, al finalizar el rodaje, de que has utilizado más una focal que otra. Y no sabes por qué, la propia película te lo pide y punto. No es una cosa premeditada.

JMG: Sí, por ejemplo, las ópticas más utilizadas en *Maspalomas* fueron el 40mm y el 50mm. Pero de antemano, nosotros no lo planificamos.. «Esto se hará con un 75mm, este otro con un 50mm».

AA: Javi también nos conoce y una vez que tenemos el guion técnico lo discutimos con él y muchas veces actúa, actuamos, de manera intuitiva.

JMG: Nos comunicamos más con las sensaciones. «Esto lo veo con un "teleobjetivo", esto debería de ser más "angular"». Por ejemplo… Una persona caminando por la calle. ¿Cómo lo vemos? ¿Lo vemos de lejos o de cerca? El punto de vista determina muchas cosas.

AA: Además, en muchos rodajes nos ha sucedido que tras partir de una idea previa y acordar la focal con Javi, al verla en el «combo», nos hemos dado cuenta de que necesitamos una focal «más abierta» o angular.

JMG: Le hacemos mucho caso a Javi, pero en muchos rodajes la focal que nos propone no es la que queremos o necesitamos. Creo que cada uno tenemos nuestras tendencias. Yo, por ejemplo, me parece que tengo más propensión al teleobjetivo que Jon y Aitor.

AA: Yo estoy más a «medio camino», sí.

JG: A mí me gusta ir cambiando.

IR: Una costumbre que desapareció hace tiempo es hacer una proyección diaria de la jornada de rodaje con los dailies. Los hábitos han cambiado con las tecnologías. ¿Os gusta repasar el trabajo del día al finalizar la jornada?

JG: Nosotros solemos ver la mayoría de las cosas en el monitor. Y cuando algo nos preocupa recurrimos a las tomas filmadas para tranquilizarnos.

AA: Como no hemos conocido la época de los dailies no sé valorarlo debidamente. Pero viendo el ritmo que llevamos ahora creo que no le habríamos sacado demasiado provecho. Lo tenemos todo muy controlado, incluso por el feedback que recibimos de montaje, y si vemos algo que no nos gusta le pedimos al ayudante de dirección repetir alguna cosa al día siguiente –siempre que no suponga un gran rompecabezas.

JMG: Sí, como no lo hemos conocido, es difícil de medir. De todas formas, creo que ver la proyección en una gran pantalla te puede dar la oportunidad de fijarte en más fallos y detalles y puede ser provechoso. Al final, los monitores actuales son buenos, pero no es lo mismo.

IR: Para terminar con la fotografía, vuestro primer largometraje, *80 egunean*, lo rodasteis en 35mm pero el siguiente, *Loreak*, lo hicisteis ya en digital. Desde entonces todos vuestros trabajos, hasta *Maspalomas*, han sido en digital. ¿Cómo vivisteis esa transición de la película al digital? ¿Fue por propia voluntad?

JG: La verdad es que la transición de *80 egunean* a *Loreak* fue forzada, porque no nos llegaba el presupuesto para poder hacerlo en cine. Por un lado, hicimos la primera en cine, pero con ciertas limitaciones, porque los metros de película se pagan. Rodamos en 3 perforaciones en lugar de las 4 habituales, para aprovechar más los metros rodados, ahorramos un 25% del metraje y gracias a ello pudimos hacer más tomas. El cambio digital a *Loreak* fue muy productivo, ya que pudimos hacer tantas tomas como quisimos. Además, podíamos grabar cualquier tipo de «plano de recurso», grabar los ensayos… Todo ello sin tener la presión del contador, en una palabra. Pero, evidentemente, lo que el cine te da visualmente no te lo da el digital. En el digital siempre buscas una imagen, tienes que «diseñarlo» más todo, porque, comparativamente, es un soporte más «rígido». Y, en cualquier caso, no se pueden conseguir digitalmente los mismos resultados que en cine. Es incomparable y, lo era más aún cuando hicimos *Loreak*, porque la tecnología era más pobre. El cine digital ha evolucionado mucho. Con el paso de los años, se ha convertido en más «cinematográfico», por decirlo de alguna manera, sobre todo con los «software» de emulación de películas que se han ido creando. Y como *Loreak* tenía que ser digital, nuestra intención era aprovechar ese tono digital sin complejos; se puede decir que no tratamos de copiar la estética cinematográfica. La cámara Alexa de Arri era la más utilizada, pero a nosotros nos gustaba la imagen suave que nos daba la cámara Red Epic, sumado al uso de las ópticas Cooke S4. Nos daba una textura especial que entonaba perfectamente con esa melancolía de *Loreak*. Luego pasamos a utilizar Alexa en las siguientes películas porque, entre otras cosas, Javi Agirre, y la mayoría de los directores de fotografía, la prefieren pero, también, es la que más se acerca a la «experiencia cinematográfica». Por lo tanto, viendo las facilidades de producción que ofrecía rodar en digital, decidimos seguir por ese camino. Uno de los motivos es que el *workflow* en cine es mucho más lento –podríamos hacer un capítulo aparte con los problemas que tuvimos en la postproducción de *80 egunean*–. En definitiva, para evitar todo eso, continuamos con el digital.

Tras varios años grabando en digital, con *Marco* se nos ocurrió volver a rodar en celuloide. Esta película planteaba un juego entre la realidad y la ficción, y nuestro personaje, al contar su historia, lo que aparentemente parecía realidad acababa convirtiéndolo en una ficción total. Ahí había un discurso implícito –hasta qué punto la narración fílmica es una herramienta para reflejar la realidad–. Por eso nos pareció interesante plantear esa historia en celuloide, porque la textura de un soporte u otro determina el «lugar» en el que te encuentras como narrador. Pero finalmente no pudimos hacerlo por razones de presupuesto. Al final, como dices, el cambio se llevó a cabo con *Maspalomas*.

JMG: En *Maspalomas* buscábamos una imagen natural y vimos que el soporte fílmico te ofrece esa cualidad espontáneamente. Por otro lado, Aitor, que no estaba en el equipo de dirección de *80 egunean*, tenía ganas de rodar en cine por primera vez.

AA: Estéticamente se percibe la diferencia enseguida. Yo salí contento con la experiencia de *Maspalomas*. Tuvimos algunos problemas en el rodaje, eso sí. La cámara se estropeaba y había que pedir otra para sustituirla. Y esas cosas provocan tensiones. Por ejemplo, revelar la película en el extranjero te condiciona de cara al montaje, porque te toca esperar. No tienes esa agilidad que tienes en el digital. Y también se echa de menos más infraestructura en España. En cualquier caso, fue positivo. Yo no aprecié de uno a otro gran diferencia en cuanto a volumen total de material. Y no sé si hicimos más o menos metros que en digital, pero mi sensación es que fue similar.

JG: Al final, con los años ha habido una reivindicación progresiva para rodar en cine y, como el *workflow* actual admite la postproducción digital, de forma más asequible que cuando hicimos *80 egunean* –que tuvo postproducción analógica debido a limitaciones de presupuesto–, facilita las cosas. Nosotros ahora manejamos unos presupuestos más grandes en comparación con aquellos tiempos, estamos en otra situación, y eso es algo que tenemos a favor.

IR: Ya que has mencionado los imprevistos, ¿cómo reaccionáis ante las tensiones e imprevistos del rodaje?

JMG: Yo creo que Garaño y Arregi son mucho más tranquilos y pacíficos que yo. Yo choco bastante tanto con Aitor como con Jon. Pero normalmente nuestros choques no llegan hasta el equipo.

JG: Más que pacíficos, yo diría que Aitor y yo interiorizamos la tensión para que el equipo no lo note. Es cierto que entre nosotros se dan muchas tensiones, pero intentamos no salpicar al resto. A veces nos ocurre que en lugar de encarar el problema acumulamos esa tensión y al final lo acabamos pagando con el que tenemos al lado. Por ejemplo, si un actor no ha hecho bien su cometido le cae la culpa a Aitor (risas). Sin embargo, a veces también es importante un punto de tensión. De lo contrario, si hay mucha relajación, las cosas no salen. Pero no se puede estar todo el tiempo en tensión. Yo creo que también hay que saber medirlo, y que el equipo también tiene que intentar entenderlo… «¿Qué secuencia es importante? ¿Cuál no? ¿Por qué el director está hoy más tenso de lo habitual?…»

AA: En general no recuerdo grandes momentos de tensión con el equipo. Los rodajes siguen siendo muy jerárquicos, militares, pero yo tengo la sensación de que cada departamento también ha ganado su «parcelita» con el tiempo. Una especie de poder o de privilegio. Si hace cuarenta años, seguramente, le decías a alguien de *atrezzo*... «Hay que cambiar esto», lo modificaban sin decir nada. Pero hoy en día no sé cómo reaccionarían. Claro, tú puedes ponerte a dar órdenes... «Yo soy el director y lo quiero así». Pero el otro puede decir que no estás respetando su trabajo

IR: ¿Cómo vivís los rodajes nocturnos?

AA: A mí me gustan. Pero hay días duros. Si te toca un rodaje de 7 de la tarde a seis de la mañana, te puedes morir.

JG: En *Cristóbal Balenciaga* hubo una noche donde la gente, incluidos las y los intérpretes, se quedaron sin energía, literalmente dormidos. Era terrible. También es cierto que si empiezas la jornada con mucha intensidad llega un momento en el que de pronto se produce un bajón espectacular.

IR: ¿Con quién pasáis más tiempo en los descansos, con los actuantes o con los técnicos?

JMG: Yo no paso demasiado tiempo con los actores y actrices, pero tampoco con los técnicos (risas). Supongo que al final te juntas con un par de personas con las que te sientes bien, ¿no? En mi caso, al menos...

AA: Es curioso cómo se nos olvidan las cosas. Intento recordarlo, y no lo sé. Creo que si durante el descanso no hay nada que preparar acudo al grupo más cercano, o el que mejor me cae (risas). Pero si la pregunta es con quiénes más... con los técnicos o con las actrices y actores, quizá diría que estoy un poco más con estos últimos. Ellos y ellas también son un mundo, algunos más accesibles que otros. La compañía de Alberto San Juan por ejemplo era muy agradable. Él mismo nos buscaba muchas veces...

IR: ¿Tendéis a estar sentados o sois más bien inquietos?

AA: Creo que por lo general tiendo a estar de pie. Pero hay días y días. Hay jornadas en las que no estoy nada bien y en esas ocasiones prefiero la silla. Me digo a mí mismo... «Me verán mala cara y prefiero estar sentado». Con lo cual, diría que depende de la energía que tenga.

JMG: Recuerdo que cuando miraba el contador de pasos del reloj en el último rodaje, me quedaba sorprendido al ver la cantidad que aparecía, porque no tenía la sensación de haberme movido tanto. Yo diría que, en general, estoy bastante en el «combo», sobre todo cuando se prepara el plano.

Pero luego, cuando los actores y actrices ya están casi preparados, también me gusta ir a hacer un pequeño ensayo. Muchas veces, cuando estás grabando, en lugar de verlo en el «combo», te quedas al lado de la cámara. No sé...

AA: A mí, estar de pie me parece importante porque en el set suceden cosas, y creo que si no estoy «ahí», me estoy perdiendo algo.

JMG: Yo no estoy muy de acuerdo con eso. Muchas veces estoy en el «combo» y veo lo que está pasando en el set. Puedo corregir el plano desde ahí con lo que me muestra la cámara, que al final es la clave de todo.

AA: Vale, pero solo ves una pequeña parte del set. Las cosas suceden en tu entorno y también es importante tener esa percepción. A más información, más preparado.

JMG: Sí, pero en el set también hay muchas distracciones...

IR: ¿Os gusta que el montador vaya montando ya en rodaje?

JG: Normalmente, el montador comienza su trabajo una semana después de que comencemos a filmar y le dejamos hacer una primera propuesta que solemos ver una semana después de finalizar el rodaje. Generalmente le pedimos que siga el guion. Y normalmente suele ser bastante dramático. No por el montador, sino por nuestro trabajo (risas).

IR: ¿Os ha ocurrido el tener que cambiar radicalmente el enfoque planteado por el montador?

JG: Nosotros entramos mucho en el montaje. Estamos encima en todo momento. Y, sí, nos ha ocurrido cambiar el montaje e incluso la estructura del guion de la película.

JMG: Yo echo de menos hablar más con los montadores antes de rodar.

JG: Raúl López nos ha hecho muchas aportaciones. Y Laurent Dufreche también, aunque tienen una forma muy distinta de trabajar. Eso también es bueno. Maialen Sarasua Oliden, que también tiene su forma de trabajar, y que se ha incorporado a nuestro equipo en las últimas películas, también aporta muchísimo.

JMG: Recuerdo que en *Cristóbal Balenciaga* comenzamos a enviar todos los días a Maialen Sarasua y a Raúl López, los montadores de la serie, WhatsApp de audio del tipo... «Hemos rodado esto así y lo queremos montar de esta forma». Al final eran tantas las instrucciones que no continuamos porque era inviable. Pero, de todas formas, yo prefiero tener el control del montaje. Garaño y Arregi probablemente no tanto.

JG: Yo creo que dar libertad a los montadores te trae cosas muy interesantes. Nuestra forma de trabajar cambió mucho en *Cristóbal Balenciaga*. Hasta entonces trabajábamos con los montadores codo con codo. Como controlábamos el software de edición, nosotros también montábamos el material directamente. El culmen fue *La trinchera infinita*, donde éramos tres directores (Jose Mari, Aitor y yo) y dos montadores (Raúl y Laurent), cinco personas metiendo mano a la película. Uno iba montando, el otro afinaba el trabajo del anterior y el tercero se centraba en los detalles a modo de «coche escoba». Pero eso cambió radicalmente con *Cristóbal Balenciaga*, porque al ser una serie no podíamos estar tan encima. Y, entre otras cosas, el software de edición (Avid) también era diferente y no lo controlábamos. En *Cristóbal Balenciaga*, además de Raúl López, entró Maialen Sarasua Oliden como montadora y les dejábamos hacer su versión. De alguna manera, trabajamos de una forma más clásica.

JMG: Sí, pero no sé qué opción es mejor…

AA. Eso depende de cada uno. Esta es mi opinión pero creo que, por nuestra forma de trabajar, a nosotros nos viene mejor tener dos montadores. Nuestro proceso de montaje cansa mucho y agota, porque es muy largo. Y ese puede ser uno de los motivos.

IR: ¿Hasta qué punto os implicáis con el sonido? ¿Seguís la lógica de la narración normalmente?

JG: Durante el rodaje, intentamos siempre grabar lo máximo posible. Después Xanti Salvador realiza muchas aportaciones. Seguramente estamos más abiertos al sonido que al resto de departamentos. Le damos más libertad al diseñador de sonido. Hemos probado cosas diferentes en función de las películas. Jugamos con la panoramización del sonido en *Loreak*, por ejemplo. Como era una historia en off, ese planteamiento narrativo era muy apropiado. También jugamos con los sonidos atmosféricos, que acompañaban a muchas músicas. También recuerdo que en *Handia* se introdujo el sonido de una ballena que evocaba el ambiente marino. Esto no estaba en el guion y le da valor desde el punto de vista de la producción.

AA: *La trinchera infinita* es una película que tiene un mundo sonoro propio y que viene de guion. Es una historia, en definitiva, contada desde el punto de vista de una persona, estamos metidos en su cabeza y tiene mucha fuerza el modo en que este individuo escucha las cosas.

JMG: Sí, algunas cosas se grabaron directamente y otras se crearon en la postproducción con *folley's*. Había un momento en que su vecino entraba en la casa y teníamos que contarlo a través del sonido… la trayectoria de este personaje dentro de la casa, lo que hacía en cada momento… Yo, el sonido lo relaciono mucho con el ritmo. Me parece que a veces las cosas cambian totalmente si ponemos una frase un poco antes o un poco después. O el significado que adquiere cuando se intercala no sé qué efecto entre ambas frases. Ir construyendo esa «partitura». El sonido da un ritmo a un plano, a una secuencia y a la película en general. También recuerdo en *La trinchera infinita* el ritmo de los pasos, algunos eran demasiado rápidos y debían de ser más lentos… Todo eso hay que construirlo, y creo que hay algo casi «musical».

IR: Para vosotros, ¿qué papel tiene la música en una película?

JG: Una de las preguntas clásicas… Pascal Gaigne dice que tan importante como saber dónde poner la música es saber dónde no ponerla. Y estoy completamente de acuerdo. Hay secuencias que requieren música y otras que, tal vez, también, pero que más tarde te das cuenta de que, aunque hayan sido montadas con música, pueden funcionar mejor sin ella. Hay secuencias «más musicales» y otras «menos musicales», por decirlo de alguna manera. Eso también es interesante. La música se mueve en un terreno muy sutil. Por un lado, existe lo que se llama música atmosférica, lo que normalmente no genera emoción al espectador, ni tampoco aporta claves narrativas a la película. Crea un ambiente, pone la película en un sitio, pero no añade gran cosa. Y, en el peor de los casos, tampoco genera rechazo en un espectador purista. Pero hay otro tipo de música que sí ayuda a la narración, que la impulsa, que empatiza con ella. Una música que, si no se acepta, puede llevar a muchos espectadores a rechazarla, por el tipo de personalidad que tiene. A mí me pasa muchas veces, cuando una música está puesta para subrayar algo, la noto enseguida y no me gusta nada. Pero otras veces, aunque sea así, veo que tiene una funcionalidad, un sentido, es algo meditado, y me parece bien, y de alguna manera la película «sale ganando». Todo esto es un poco complicado. La música también imprime carácter a una película. Eso es bueno, pero también puede que la personalidad inicial de la película cambie radicalmente con esa música, y entonces ya no es tan bueno y hay que tener mucho cuidado…

IR: La música tiene la última «palabra» de la película.

JMG: Sí, para mí es una fase muy delicada. Para entonces tu película ya está acabada y funciona como está, pero siempre estás pendiente de ese «suplemento». Además, en nuestro caso, generalmente montamos con músicas de referencia. Ahí hay una transición en la que la película cambia definitivamente. Y es que, además, trabajar con un músico es tratar con un «creador». No quiero decir que el director de fotografía o el de arte no lo sean, pero creo que se entiende. Al final, la creación del músico tiene una entidad propia. Entre otras cosas, puedes escuchar una BSO en un CD al margen de la película –aunque tiene más sentido en algunos casos que en otros–. De todas formas, a mí me resulta difícil hablar con otro creador, sobre todo al principio. Por otra parte, cuando eliges a un músico, lo que quieres es que él haga su aportación y lleve la película a su mundo. Pero también sabes que su punto de vista puede estar muy lejos del tuyo, al menos en un principio, aunque luego le expongas debidamente lo que necesitas y las cosas cambien. A mí me resulta muy difícil empezar a comunicarme con los músicos. Aunque luego siempre encuentro el camino. Pero los comienzos son difíciles.

IR: ¿Los *temp tracks* que utilizáis son una herramienta de trabajo solo para vosotros o lo compartís con los músicos?

JG: Lo que hacemos normalmente es enseñar el montaje una vez con *temp track* y después quitándolo. Solo para dar a conocer cuál es nuestra idea.

JMG: En el futuro, a mí me gustaría mostrarlo sin música. Para probarlo. Y, más aún, deberíamos montarlo sin música o sin referencias.

IR: ¿Cómo trabajáis con los músicos? ¿Lo habéis hecho siempre de la misma manera con todos?

AA. Trabajar con distintos músicos es igual y muy diferente al mismo tiempo. En algunas cosas el proceso es muy parecido, pero en otras la comunicación cambia mucho. Con Pascal hemos hecho tantas películas que la comunicación es muy cómoda. Sabe de dónde venimos y qué queremos. Y también lo que no queremos. Pascal te puede inspirar respeto. Tiene su opinión, su forma de ver las cosas, pero es cierto que es muy fácil comunicarse con él y confiar en él. De todas formas, tampoco puedes plantearle cualquier cosa. Al fin y al cabo, son gente que lleva muchos años y no puedes decirle que haga «un estilo Thomas Newman», por ejemplo. «Yo voy a hacer Pascal Gaigne», te dirá, y con razón. El caso de Alberto Iglesias fue diferente. Hasta entonces habíamos trabajado siempre con Pascal y Alberto vino de la mano de Lourdes Iglesias, fue su sugerencia al ser la creadora de

Cristóbal Balenciaga. Alberto, antes de nuestra llegada, ya había hecho un pliego con sus propias reflexiones respecto al proyecto y había llevado el concepto muy lejos, casi cerca de la sublimación. Alberto es un pensador. Fue muy fácil trabajar con él. Una vez asimilado su concepto, en la práctica, Alberto acepta muy bien las propuestas. Y me sorprendió mucho y para bien. Con Aránzazu Calleja empezamos la colaboración en *Marco* y seguimos con ella en *Maspalomas*. Aran tiene un gusto especial, es también muy talentosa y es fácil trabajar con ella, entre otras cosas, porque está muy a favor de obra. A partir de ahí, propone cosas super interesantes.

JG: La experiencia de *Marco* con Aran fue estupenda. Nuestro planteamiento musical para la película se alejaba mucho de todas las películas que habíamos hecho antes. Intentamos probar con música más electrónica y nosotros la montamos con pequeñas referencias. Más tarde, nos mandó unas 14 piezas de unos 50 segundos, sin decirnos para qué eran… «La película me ha inspirado esto y os envío estas piezas». Y entonces cogimos las piezas de Aran y empezamos a jugar con ellas moviéndolas de aquí para allá, estirando algunas un poco, cortando algunas otras… Le enseñamos el montaje y a partir de ahí, ella creó la música definitiva. La forma de trabajar fue muy diferente y estimulante, por novedosa.

IR: Vamos a entrar un poco en los procesos finales. ¿Os gusta la fase de la promoción? ¿Os implicáis en ella o preferiríais descartarla?

JMG: A mí me gusta. La película está hecha y tampoco se trata de demostrar nada pero, por otro lado, hablar de la película y, mientras tanto, viajar es algo bonito. Otra cosa es si puedes hacerlo o no…

AA: Yo también me siento a gusto. No es el proceso que más me entusiasma, pero se me hace más cómodo que otros. De todos modos, tampoco me lo planteo ni pienso sobre ello, es casi una obligación natural asumida. Después de haber pasado dos años dándole al pico y a la pala no hay razón para dejar tirada a la película. Es natural presentarla, difundirla, defenderla.

JG: Sí. Es parte de nuestro trabajo. Aunque yo personalmente sufro bastante las primeras veces que me enfrento a la prensa. Por otro lado, los últimos procesos de la película también son ilusionantes, los últimos diseños, los carteles… Ahí estamos muy presentes. La película cobra vida para siempre. Y es bonito presentarla, sentir el feedback de la gente…

IR: A la prensa generalista se le atribuye hacer reseñas normalmente demasiado superficiales, basadas en el aspecto argumental de las películas, sin entrar a desgranar otros aspectos. En una palabra, quedándose en el «vale» o «no vale» y sin entrar a desarrollar claves que den una lectura más analítica de la obra. Para muchos no deja de ser un brazo manipulador del medio de turno. ¿Qué opináis de la crítica?

JMG: Creo que la crítica debería ser, sobre todo, útil. Es cierto que la generalista está segmentada por corrientes o poderes políticos. Por ejemplo, un lector de ABC tiene perfil crítico. Y ocurre lo mismo para quien lee GARA, aunque sea de pensamiento opuesto. Otra cosa es el análisis cinematográfico, pero la crítica ordinaria, esas críticas que salen los viernes o el día del estreno, creo que, sobre todo, deberían ser útiles para el futuro espectador.

AA: Al final, cada medio es una especie de «parroquia», ¿no? Me divierten las críticas incendiarias, aunque confieso que cada vez me gustan menos, sobre todo en *podcasts* y sitios en los que circula el libre albedrío. Se tiende a escuchar frases lapidarias constantemente... «La mejor película del año...» y cosas así. O a la inversa: «Cuidado con esta película...». Críticas en «blanco y negro», en definitiva. Por otro lado, hay muchos críticos que asumen la personalidad de cineastas, se sienten directores y se les nota. «Una buena crítica es tan importante como una buena película», he llegado a oír en alguna ocasión... Hay incluso quien parece creer que la crítica de la película es mejor que la película en sí.

JMG: De todas formas, yo creo que las críticas que se hacen en los festivales y en este tipo de muestras son diferentes a las que se hacen en los estrenos comerciales –o al menos deberían serlo–. Creo que en los festivales los organizadores y los participantes también tienen que crear expectativas, o al menos, mostrar los valores cinematográficos de la película. Yo creo que las críticas más útiles de los estrenos comerciales son del tipo... «Si te gusta esta clase de cine, esta película te va a interesar. Si no te gusta este tipo de cine, no te va a interesar». Y no tanto los que caen en los personalismos, por ejemplo: «He salido sin terminar la película porque no la soportaba...», y demás. Luego, como ya he dicho, está el análisis cinematográfico que, idealmente, debería hacerse sin la influencia ni los condicionantes del cine de estreno.

JG: Con el tiempo yo he aprendido a relativizar las críticas –me refiero a las que se refieren a nuestro trabajo, claro–. Ahora no las sigo tanto, pero, al principio, teníamos mucha ansiedad por saber la reacción de la prensa.

Y no sé si eso es bueno o malo. Yo las suelo leer, pero cuando ya han pasado varios meses desde el estreno.

JMG: Quizá menos que al principio, pero tampoco soy tan categórico. Siempre tienes esa intriga cuando estrenas una película, ¿no?

JG: Sí, claro. Me interesa mucho conocer qué piensan tanto el público como la crítica sobre la película; me gusta tener una idea general de la recepción. Sin embargo, no suelo profundizar en las críticas hasta que ha pasado un tiempo y pueda abordarlas con más objetividad. Creo que así me resulta mucho más útil.

IR: Tenemos que hablar de formatos narrativos. El célebre «cine vs plataformas» Cómo ha influido todo esto en la forma de trabajar, en el método y en el propio estilo de las películas. ¿Creéis que durante la época anterior existía una forma –narrativa y también profesional– de abordar el trabajo, que ahora no existe?

JG: En nuestro caso yo creo que hemos intentado ser bastante fieles a nuestro punto de vista. En lugar de adaptarnos a los formatos hemos conseguido adaptar el formato a nosotros. Ese fue nuestro reto para Disney cuando hicimos *Cristóbal Balenciaga*. Siempre hemos intentado llevar todo lo que hemos hecho a nuestro terreno. *Cristóbal Balenciaga* es una serie, de acuerdo, pero tiene el tono de una película larga, por ejemplo, en el arco dramático. Y eso no lo hacemos porque nos sintamos especiales, sino porque nos sentimos cómodos, es algo natural en nosotros. Yo diría que no nos supuso una revolución o nada especial respecto a nuestra forma de trabajar anterior.

IR: En los comienzos del cine mudo, los directores eran los encargados de dirigir las películas (Chaplin, Griffith…). Con la implantación del sistema de estudios, los productores tomaron el mando. Cuando el monopolio de los estudios se desvaneció en los años 50, fueron las actrices y actores los que dirigieron las producciones a su imagen y semejanza. Desde hace un par de décadas existe una corriente principal de dirección por parte del o de la guionista, con la denominación de showrunner. ¿Quién o qué creéis que tomará el relevo?

JMG: Al final, ¿qué es lo más importante para las plataformas? La historia que se cuenta, ¿no? Por lo tanto, por un lado, veo sentido a que en las series o plataformas los guionistas adquieran ese protagonismo. Y por otro lado, está muy cerca de la artesanía que hemos mencionado todo el rato. Es cierto que en una película, quizás por sus dimensiones, ves más claro qué aspecto tendrá conforme se va desarrollando. Pero en una serie, el guionista quiere preservar la integridad de la historia desde el principio hasta el final, y es normal. Y ese creador tiene peso, pero a veces, además, no es solo el guionista de la serie sino que puede ser también el director, como es nuestro caso. Lourdes nos vino con el proyecto de *Cristóbal Balenciaga*, pero una vez concretados los detalles de todos los capítulos, los guiones los desarrollamos nosotros mismos. Y también dirigimos todos los capítulos.

AA: Quizá sea ignorancia, pero creo que en la televisión la figura del showrunner seguirá adelante. De todas formas es un tema que se remonta mucho tiempo atrás. En la década de los 80 los creadores de *Canción triste de Hill Street* (*Hill Street Blues*) eran guionistas. Hoy en día serían showrunners. Es decir, en la televisión tiene sentido que el guionista sea el autor porque en una serie, sobre todo, el peso lo tiene el guion y eso se mantiene bajo la tutela de la plataforma. Ahí no creo que haya muchos cambios. En el cine yo tengo la sensación de que habrá más fluctuación entre productores y directores.

JMG: De todas formas, a pesar de la existencia del productor creativo, quiero pensar que el tiempo pone las cosas en su sitio. ¿Por qué digo esto? Porque al final me parece que las películas «son» de los directores. Yo no sé muy bien por qué prevalece el papel del director, pero, mirando hacia atrás, normalmente son ellos y ellas los «autores» de las películas. Podemos hablar de actrices y actores o de productores que han tenido mucho poder, pero creo que cuando hablamos de la responsabilidad creativa de las películas, hablamos del director o de la directora.

IR: Supongo que dependerá del estrato social o incluso de la cultura que tenga el espectador. Por ejemplo, aquí podemos hablar de los wéstern de John Ford. Pero para la mayoría de los espectadores serán las películas de John Wayne. Esto fue así en el siglo XX, la época en la que el cine era el arte popular más extendido. Y, aun así, hoy en día, pese al agitado mundo audiovisual en que vivimos, me atrevo a decir que la mayoría de la gente sigue viendo una película de «Nicole Kidman», salvo que el director sea una eminencia o una «marca», como Almodóvar. Y ni con esas…

JMG: Eso también es verdad, pero creo que lo que he dicho tiene más peso, porque en el caso que comentas hay un claro factor de comercialización. Pero si hablamos de «pura» creación, las aportaciones de todos los miembros del equipo no son las mismas. El director es el principal creador.

IR: Hacer la serie de *Cristóbal Balenciaga* fue una propuesta que os vino de fuera. ¿Trabajáis con agente?

JG: Hubo un momento en el que tuvimos uno, pero era para publicidad y trabajos al margen del cine. Así que lo dejamos. Lo que tenemos ahora es una agencia que cuenta con nosotros para hacer publicidad. Así fue como hicimos, por ejemplo, el anuncio de la lotería. Y luego nos han ofrecido otros, pero no hemos llegado a hacerlos. Aquí no tenemos agente, pero sí en EE.UU. Se interesaron por nosotros y desde entonces seguimos en contacto con ellos. Tenemos un proyecto que se debería hacer allí, pero la verdad es que lo tenemos muy parado porque estamos hasta arriba de trabajo y nunca hemos conseguido sacar nada adelante. Tuvimos bastantes reuniones, sobre todo cuando conseguimos la precandidatura a los Oscar con *La trinchera infinita*. El mundo de los agentes seguramente seguirá funcionando en el futuro, en EE.UU. siempre ha sido así. Y aquí, más o menos, también se tiende a funcionar así. Sobre todo con las actrices y actores. Lo que pasa es que nosotros tenemos una forma de trabajar diferente, como acabamos de decir. Además de guionistas y directores, también somos productores. Y yo creo que en eso somos también distintos respecto a la forma de hacer de los agentes.

IR: Una pregunta inevitable. ¿Qué creéis que traerá el futuro a los medios audiovisuales con la Inteligencia Artificial?

AA: Eso es algo que me pregunto a menudo.

JMG: Lo lógico es pensar que harán películas…

JG: Yo, la verdad, soy muy pesimista con la Inteligencia Artificial en general, porque veo que es algo que ya se ha impuesto. Pronto se harán comedias románticas, se irá mejorando su capacidad y seguramente se empezará a personalizarlas a demanda. Es decir, habrá género para diferentes públicos. Y llegará un momento en el que estos productos incluso tendrán «autoría». Creo que es algo que irá evolucionando. Estoy seguro de que la IA conseguirá hacer películas realmente buenas. Pero no lo digo precisamente como un deseo personal…

IR: ¿Quizá, de cara a los creadores, solo quede la contracultura como única alternativa?

JG: Bueno, hacer cine hoy en día ya tiene un poco de eso, ¿no? Pero, por otra parte, ¿cómo encajar en un futuro tan controlado?… Yo creo que la IA acabará por imponerse en todos los ámbitos de la vida, con todo. Y te preguntas dónde quedará la humanidad, ¿no?

JMG: La humanidad encontrará su lugar, como siempre...

JG: O no... ¿Habéis visto *IA Inteligencia Arificial*? (*AI Artificial Intelligence*) (risas).

JMG: A mí me gusta mucho esa película.

AA: Es muy de Spielberg y muy de Kubrick. Toda una combinación.

IR: Sí, y si el pesimismo natural de Kubrick no era suficiente, el hecho de que finalmente lo hubiera dirigido Spielberg le dio un tono muy melancólico y desolador. Como dice Aitor, toda una combinación. Desde luego, el desenlace es devastador.

IR: Vamos a ir terminando. ¿Cómo creéis que han envejecido o envejecerán vuestras películas?

AA: Este momento tenía que llegar (risas)... Yo las he visto muy pocas veces, tal vez cuando las han programado en la tele...

JG: Yo fragmentos. Pero completas, de principio a fin, hace mucho tiempo que no las he visto. Me producen respeto.

AA: Seguramente unas habrán quedado más viejas que otras.

JMG: No lo sé, ya lo he dicho antes pero me parece que somos bastante clásicos y, de alguna manera, el cine clásico no va a estar nunca a la vanguardia, pero creo que el riesgo de quedar anticuadas también puede ser menor.

JG: Sí, en ese sentido, estamos alejados de las modas.

JMG: Quiero pensar que al final la gente que busca historias va a seguir viendo algo en nuestras películas. Pero quizá me equivoque.

JG: Al ver las de otros, me doy cuenta de que en su día apreciaba un concepto y luego, al volver a verlas, se me han hecho más atractivos otros aspectos. Bueno, ahí hay cosas que el tiempo pone en su sitio. En ese sentido, por ejemplo, estar fuera de la vanguardia podría ser una ventaja, como dice Jose Mari. Yo creo que *Loreak* sigue siendo una película-paradigma para nosotros. Al terminarla me pareció que se acercaba mucho a lo que quisimos hacer. Por un lado, me gusta mucho cómo está hecha en cuanto al aspecto estético, y también me interesa lo que contamos y el tema que tratamos.

JMG: Sí. Yo también estoy de acuerdo. Estuve bastante cómodo en aquel rodaje aunque en otros aspectos no tanto. Pero en general me parece que las «dimensiones» de aquel proyecto fueron las correctas, y que también hubo muchas carambolas y que tuvimos suerte. Lo recuerdo como una película rodeada de una buena energía.

JG: Si preguntas a la gente cuál es nuestra mejor película, creo que muchos dirán *La trinchera infinita*.

JMG: Bueno, y en Euskadi, *Handia*, ¿no?

JG: Pero, en general, yo creo que *La trinchera infinita* nos homologa. Además, ocurre que tenemos públicos diferentes y a algunos les gusta *80 egunean* y a otros *Handia*, por decir algo. Recuerdo, por ejemplo, que cuando fuimos a Barcelona a presentar *La trinchera infinita* se nos acercó una mujer y nos dijo… «La película está bien, pero tenéis que volver a hacer más como las dos primeras» (risas).

AA: Yo les tengo cariño a todas. Pero creo que le tengo un cariño muy especial a *Handia*, porque era un proyecto muy difícil y, de alguna manera, salimos «con vida» de la experiencia. Y estoy orgulloso de la película, porque además era mi primer largometraje de ficción –esto lo digo desde el ámbito personal–. Si tengo que ser objetivo, la mejor película de Moriarti –si hablamos de ficción, claro, porque también me encanta *Lucio*–, creo que es *La trinchera infinita*. Por un lado la siento como una película muy cercana y también muy «Moriartiana» y, por otro, me parece que es muy sólida cinematográficamente, porque se contó muy bien lo que se pretendía contar y estuvimos muy cerca de las intenciones iniciales en el resultado. Y eso normalmente no es nada fácil.

IR: Para terminar, citadme a tres cineastas y tres películas.

JG: Uf… Venga, traeré tres épocas muy diferentes. *Apocalypse now*, *Breve encuentro* (*Brief encounter*) y *Casino*. Y los directores, Scorsese, Welles, y Hitchcock. Pero también Coppola, Cimino, Lean, Lynch…

AA: Yo diré Kubrick, Spielberg y Hitchcock. Y las películas… ¿Puedo mencionar la primera trilogía de *Indiana Jones* como una sola película? (risas) Yo tengo la teoría de que las tres películas son una sola. Luego, con Kubrick siempre oscilo entre *Barry Lyndon* y *2001: Una odisea del espacio* (*2001: A Space Odyssey*). Pero diré *2001*. Y, por último, *Vértigo*, de Hitchcock.

JMG: Esto puede cambiar, pero voy a citar a Hitchcock, Polanski y Fellini. Y las películas, *El silencio los corderos* (*The silence of the lambs*), *Psicosis* (*Psycho*) y *Cabaret*.

IR: Jon ha dicho que *La trinchera infinita* es una película que os homologa. Cuando se estrenó, Guy Lodge, en *Variety*, se refirió a ella como «una buena película a la vieja usanza». Viniendo de EE.UU., esta afirmación puede ser una clara prueba de vuestra artesanía. También Jonay Armas, en *Caimán*, dijo «que era vuestra película más madura», una película «canónica». ¿Creéis que esa madurez es una realidad, que en cierta manera estáis trabajando en ese camino?

JG: Bueno, eso es muy relativo, porque, por un lado, aunque he dicho que es una película que nos homologa, no significa que marque ningún camino. Nosotros intentamos dar a cada historia el estilo que necesita –a veces acertamos, otras veces no–. Adecuamos el estilo a la historia. Es muy curioso lo que dices, algunos mencionan *La trinchera infinita*, pero las opiniones cambian dependiendo de dónde leas la crítica. Porque pensándolo bien, para otros muchos la que nos homologa es *Loreak*. Hemos llegado a oír que es nuestra mejor película y que desde entonces no hemos hecho nada decente (risas). Encuentras una respuesta diferente allá adonde vayas. Yo creo que el «estilo» de nuestras películas, si es que se puede hablar de eso, se ha consolidado desde el principio. Quizás el de *80 egunean* no estaba tan definido, porque nosotros también teníamos más dudas y más miedo. En *Loreak* ya se percibe cierta seguridad en nosotros, en la forma de contar lo que queríamos... Yo creo que ahí sí que hay un hito. Pero el estilo ha ido variando según la película. En el caso de *Handia* quisimos darle un toque de cuento, por decirlo de alguna manera, una mezcla de fábula y realidad. En el caso de *La trinchera infinita* jugamos sobre todo con el punto de vista. En *Cristóbal Balenciaga* le dimos protagonismo a la vestimenta y al hermetismo del protagonista, esa claustrofobia, oculto detrás de la cortina. Y en el caso de *Marco* jugamos a mezclar ficción y realidad. Por lo tanto, nuestra forma de trabajar se adapta a la historia que queremos contar. A veces resultará más llamativa o más espectacular y a veces menos. Pero eso no quiere decir que no haya una reflexión por nuestra parte... «¿Cómo contaremos esta historia? ¿Cuál es la forma más adecuada?» Lo que no buscamos es la espectacularidad por la espectacularidad. O la autoría por la autoría.

IR: En cualquier caso, si hay algo que queda claro en vuestra trayectoria es que vuestras intenciones son más o menos refrendadas por la gran mayoría del público pero también por la crítica. De hecho Alejandro G. Calvo os definió en estos términos en el estreno de *Marco*... «Los Moriarti son unos cineastas que han construido una filmografía con mucha paciencia, con estilo, de forma muy discreta y cimentándola película a película». ¿Queréis añadir algo más?...

JMG: Yo subrayaría, a modo de cierre, lo que acaba de decir Jon. De hecho, si hay «algo» que realmente nos defina como cineastas creo que sería eso.

Aitor y Jon asienten.